PBR次世代
游戏建模技术

3ds Max+ZBrush+Substance Painter+Marmoset Toolbag

微课版

邱雅慧 ◎ 主编

张云峰 庄子幽 蒋福东 ◎ 副主编

清华大学出版社

北京

内 容 简 介

本书全面介绍了次世代游戏建模的基础知识和基本技能，着重介绍基于 PBR 流程的高低模建模、UV 拆分、贴图烘焙、Substance Painter 贴图绘制、Marmoset Toolbag 后期渲染的制作实践，并通过基于 3ds Max 的基本建模技能方法(大门案例)、基于 ZBrush 的高模建模技能方法(战斧案例)、3ds Max 和 ZBrush 相结合的建模技能方法(转轮手枪案例)三套完整的案例进行实际的建模训练。

本书分 4 章。第 1 章为次世代游戏建模概述，着重介绍次世代游戏建模的基础知识，赏析国际经典游戏作品，了解行业需求情况，激发读者的学习兴趣。第 2 章为 PBR 建模基础，以科技感大门模型的制作为例，着重讲解 3ds Max 游戏建模的基本理论、方法和工作流程；第 3 章为 ZBrush 高级建模，以战斧武器模型的制作为例，着重讲解基于 ZBrush 的高模建模的基本技能和应用实践；第 4 章为 3ds Max＋ZBrush 建模技能的结合应用，以 M500 转轮手枪模型的制作为例，由浅入深、层层递进地学习 PBR 游戏建模技术。本书提供了三套完整的建模案例，每套教学案例都配套了完整的教学视频，以便不同基础的读者学习与使用。

本书可作为高等院校数字媒体艺术、数字媒体技术、动画、影视专业高年级本科生、研究生的教材，也可作为对游戏美术比较熟悉并且对次世代建模有所了解的游戏开发及制作人员、广大科技工作者和研究人员的参考书。

图书在版编目(CIP)数据

PBR 次世代游戏建模技术：3ds Max＋ZBrush＋Substance Painter＋Marmoset Toolbag：微课版/邱雅慧主编. —北京：清华大学出版社，2024.5(2024.9 重印)
  ISBN 978-7-302-66454-3

  Ⅰ.①P… Ⅱ.①邱… Ⅲ.①三维动画软件－教材 Ⅳ.①TP391.414

中国国家版本馆 CIP 数据核字(2024)第 109734 号

责任编辑：张　玥　常建丽
封面设计：吴　刚
责任校对：胡伟民
责任印制：丛怀宇

出版发行：清华大学出版社
   网   址：https://www.tup.com.cn, https://www.wqxuetang.com
   地   址：北京清华大学学研大厦 A 座   邮 编：100084
   社 总 机：010-83470000   邮 购：010-62786544
   投稿与读者服务：010-62776969，c-service@tup.tsinghua.edu.cn
   质量反馈：010-62772015，zhiliang@tup.tsinghua.edu.cn
   课件下载：https://www.tup.com.cn，010-83470236
印 装 者：三河市人民印务有限公司
经 销：全国新华书店
开 本：185mm×260mm   印 张：20.5   字 数：512 千字
版 次：2024 年 6 月第 1 版   印 次：2024 年 9 月第 2 次印刷
定 价：79.00 元

产品编号：096969-01

次世代建模技术以其学习难度适中、模型效果精良、适用范围广等优点，成为近年来业界较为流行的建模技术。尤其在游戏制作、开发领域，次世代建模技术更具有得天独厚的优势，已是业界普遍使用的技术流程。本书从PBR次世代建模的基础技术入手，以实际案例项目为主线，重点讲解次世代建模技术在实际制作项目中的应用。

本书以游戏行业对三维美术人员的技术能力要求为基础，以次世代建模能力的培养为目标，梳理了PBR次世代建模技术的知识体系，形成相应的知识单元；按照行业主流建模工作流程进行课程内容的组织，便于学习和掌握；提供了3套完整的建模案例，注重实践能力的培养。使用本书，可以提高三维游戏建模能力和综合创新能力。本书既可作为数字媒体类专业各层次学生的教材，也可作为三维游戏美术爱好者的参考用书。

本书分4章，章节安排以游戏行业主流建模流程为主线展开，内容讲解由浅入深，层次清晰，通俗易懂。第1章介绍次世代游戏建模的相关基础知识；第2章介绍次世代PBR建模基础工作流程与方法，高低建模、UV拆分、贴图烘焙、贴图绘制及后期渲染；第3章介绍ZBrush高模制作技能，如ZBrush基础、整体大型的雕刻、模型细节的雕刻、拓扑低模、低模UV拆分、烘焙法线贴图、贴图绘制等；第4章介绍3ds Max＋ZBrush建模技能的结合应用，以M500转轮手枪模型的制作为例，讲解了硬表面建模常用的制作技巧、手枪转轮弹膛模型的制作、手枪枪管金属结构的制作、手枪把手模型的制作、M500转轮手枪模型的渲染输出。

本书具有以下特点。

（1）拥有一支具有行业水准、了解行业需求、懂得教学方法的编写团队。4位成员都具有国内外知名游戏公司的从业经验，张云峰曾在上海UBI（育碧）任职多年，并制作过多款DOTA2游戏角色装备；蒋福东（网名：沙漠骆驼）在国内知名游戏公司金山-西山居任资深武器制作工程师，参与多款真实游戏项目的研发制作；邱雅慧、庄子幽都拥有5年国内知名游戏公司工作经验与10余年高校教学及管理经验。他们可以更合理地组织企业需要的教学内容，结合PBR次世代建模流程，由浅入深、循序渐进地编排相关知识点与内容。

（2）注重理论和实践的结合。本书充分融合次世代建模的制作过程和行业实践背景的教学案例，使得读者在掌握理论知识的同时，提高在建模过程中分析问题和解决问题的实践动手能力，启发读者的创新意识，使读者的知识水平和实践技能得到全面提高。

（3）第2～4章各包含相关基础知识和一个完整的综合案例，知识内容和建模难度层层推进，便于读者接受和掌握相关知识。综合案例以"次世代建模技术"为基础，以模型制作过程为主线，将知识点有机地串联在一起，便于读者掌握与理解。

（4）本书提供一定数量的课外实践题目，采用课内外结合的方式，培养读者的建模兴趣，提高读者的动手实践能力，使得读者能满足当前社会对游戏建模人员的需求。

（5）本书提供配套的课件和例题案例、章节案例和综合案例的源码。

邱雅慧担任本书主编，负责全书文字内容的编写。此外，邱雅慧负责提供第1章的教学案例，庄子幽负责提供第2章的教学案例，张云峰负责提供第3章的教学案例，蒋福东负责提供第4章的教学案例。在本书编写过程中，作者参阅了ZBrush、Substance Painter、Marmoset Toolbag等软件的官方教程，也吸取了国内外优秀在线教学案例的精髓，对这些作者的贡献表示由衷的感谢。本书在出版过程中得到清华大学出版社张玥编辑的大力支持，在此表示诚挚的感谢。

本书为浙江省高等教育"十四五"教学改革研究项目"'人工智能＋跨学科＋个性化'数字媒体专业应用型创新人才培养模式研究"的成果之一，项目编号为jg20220620。

由于作者水平有限，书中难免有不妥和疏漏之处，恳请各位专家、同仁和读者批评指正。

作　者

2024 年 3 月

目 录

第 1 章

次世代游戏建模概述

本章学习目标

- 了解什么是次世代游戏建模
- 知晓次世代游戏建模与传统游戏建模的区别
- 了解目前次世代游戏的经典代表作
- 了解次世代游戏建模的行业需求及前景

本章主要带读者了解次世代游戏建模的基本含义,知晓次世代游戏建模与传统游戏建模的区别,赏析目前国际主流的次世代游戏经典作品及了解目前的次世代游戏建模的行业需求情况,激发读者的学习兴趣。着眼于未来行业的发展,次世代游戏建模是每位游戏美术从业者都应该掌握的核心技能。

1.1 次世代游戏建模的含义

人们在游戏中经常听到"次世代游戏建模"这个词,但很少有人知道"次世代游戏建模"的含义。"次世代"其实是一个外来词,源自日语,指的是下一个时代。"次世代游戏建模"是对下一代游戏建模标准的统称。目前大家玩的 3A 游戏,基本上都采用了次世代建模技术,如图 1.1.1 所示的《权力的游戏》。

图 1.1.1 《权力的游戏》中的角色:泰温·兰尼斯特

每个 3D 模型都由一定数量的面组成。模型面数越少,模型看起来越简单;模型面数越多,模型就越精细。面数少的模型我们称之为"低模",例如 LowPoly 风格的建模,模型面数非常少，如图1.1.2所示。面数多的模型我们称之为"高模"，如图1.1.3所示。

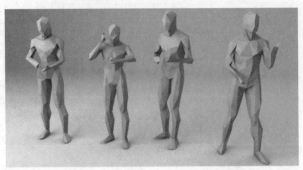

图 1.1.2　低模 LowPoly 风格

图 1.1.3　超写实高模

每个模型刚做出来的时候都是光溜溜的灰色，俗称"白模"。为了让模型显示出皮肤、衣物、木纹、金属等纹理，需要往模型上贴一层皮，这就是我们常说的"贴图"，如图1.1.4所示。

图 1.1.4　白模贴上材质

1.2　传统游戏建模与次世代游戏建模的区别

1. 传统游戏建模

传统游戏建模通常是三维美术设计师根据原画设计师的构思，将二维的设计使用三维软件制作出来，再使用二维软件绘制出贴图，最终得到的是面数不多的模型和手绘贴图。

建模特点：

① 3D模型只需要制作面数较少的低模，主要靠手绘贴图提升最终效果。

② 通常有"三分靠模型，七分靠贴图"的说法。传统建模效果如图1.2.1所示，左边是贴上贴图的模型效果，右边是白模。

图1.2.1　低模＋贴图效果

制作流程：低模建模——UV拆分——手绘贴图制作。

制作软件：3ds Max、Maya、PS等软件，如图1.2.2所示。

图1.2.2　常用制作软件

2. 次世代游戏建模

次世代建模通常是将高模烘焙的法线、曲率等贴图回贴到低/中模上，让低模在游戏引擎里可以显示高模的视觉效果。

建模特点：

① 更高的模型精度与面数。

② 基于物理渲染的高精贴图质量。

次世代建模要求增加模型面数，从简单粗糙的低模升级为精细复杂的高模，并在贴图上普遍运用基于物理渲染的PBR材质，追求更逼真写实的效果，如图1.2.3所示。

建模软件：

次世代建模的学习过程比较漫长，通常需要至少掌握其中一款基础建模软件（Maya、3ds Max、Blender），如图1.2.4所示。然后要熟悉高模雕刻软件ZBrush，如图1.2.5所示。熟练掌握高模制作方法后，还需要学习贴图制作软件（Photoshop、Substance Painter或Substance Designer），如图1.2.6所示，并学会用主流渲染器（如八猴、KeyShot等），如图1.2.7所示，做深度渲染，才能做出比较有水平的次世代模型。

图 1.2.3　次世代游戏《地铁：离去》模型效果

图 1.2.4　基础建模软件

图 1.2.5　高模雕刻软件

图 1.2.6　贴图绘制软件　　　　　图 1.2.7　渲染软件

　　通过次世代建模技术，低模就可以披着高模的精细外皮，玩家看见的是高模的视觉效果，游戏引擎运行的是低模的面数，这样游戏的性能和画质就得到很好的平衡。

　　目前，次世代建模是游戏行业的普遍标准，绝大多数游戏公司采用次世代建模工作流程。从第 2 章开始，讲解次世代建模的一般工作流程，配以丰富的案例和视频教学，由浅入深地带读者体验次世代建模的乐趣。

1.3　全球获奖经典游戏作品介绍

　　北京时间 2022 年 12 月 9 日，被称为游戏圈"奥斯卡"的 2022 年 TGA 游戏大选颁奖典礼在美国洛杉矶落下帷幕。

1）《艾尔登法环》（ELDEN RING）

在 2022 年 TGA 的评选中，综合评分高达 97 分的《艾尔登法环》（ELDEN RING）最终获得 TGA 2022 年度最佳游戏（GAME OF THE YEAR）的称号。

《艾尔登法环》是 From Software 开发，万代南梦宫发行的黑暗幻想风开放世界角色扮演动作游戏，于 2022 年 2 月 25 日在 Steam、PlayStation 4、PlayStation 5、Xbox One、Xbox Series X/Xbox Series S 上发售。该游戏让玩家走进辽阔的场景与地下迷宫探索未知，挑战困难重重的险境，同时体验登场角色之间的利害关系谱成的群像剧，如图 1.3.1 所示。

图 1.3.1　《艾尔登法环》

2022 年 11 月，《艾尔登法环》游戏获得第 40 届金摇杆奖。

2022 年 12 月 8 日，获得 IGN 年度游戏中包括"年度最佳游戏"的四项奖项。

2022 年 12 月 9 日，获得 TGA 2022"最佳年度游戏"的四项奖项。

2022 年 12 月 29 日，获得 STEAM 大奖中包括"最佳年度游戏"的两项奖项。

2023 年 3 月 2 日，获得英国学院游戏奖年度游戏提名。

2）《战神 5：诸神黄昏》（God of War）

《战神 5：诸神黄昏》荣获 TGA 2022"最佳表演""最佳叙事""最佳配乐""最佳音效设计""无障碍设计创新奖"及"最佳动作冒险游戏"六项大奖，与《艾尔登法环》共同成为本届 TGA 榜单最大的胜利者。《战神 4》荣获 TGA 2019 年度最佳游戏大奖。

《战神 5：诸神黄昏》是由圣莫尼卡工作室开发、索尼互动娱乐发行的动作冒险电子游戏，于 2022 年 11 月 9 日正式发售。该游戏剧情承接前作《战神 4》，芬布尔之冬正在肆虐。奎托斯和阿特柔斯必须探索九界寻找真相，阿斯加德大军也为迎接预言中的末日大战全力备战。一路上，他们将探索令人惊叹的神话景观，并面对各种各样的敌对生物、怪物和北欧诸神。诸神黄昏劫难迫近。奎托斯和阿特柔斯必须在自己和九界的安危之间抉择，如图 1.3.2 所示。

3）《最终幻想 14：重生之境》

《最终幻想 14》游戏荣获 TGA 2021 的最佳持续运营和最佳社区支持奖项。

《最终幻想 14：重生之境》是由日本游戏开发商史克威尔·艾尼克斯（Square Enix）开发的 3D 大型多人在线角色扮演游戏，是"最终幻想"系列的第十四部游戏作品，如图 1.3.3 所示。

图 1.3.2　《战神 5》(GOD of WAR)

图 1.3.3　《最终幻想 14》

　　《最终幻想 14》作为该系列最成功的 MMORPG 作品之一,故事主要讲述路易索瓦把光之战士传送至 5 年后的未来故事。

　　除此之外,在全球最大的 MMO 媒体 MMOsite 上,《最终幻想 14》获得"最佳新作MMO 游戏奖""最受欢迎 MMORPG 奖""最佳画面奖""最佳音效奖"殊荣,以及在 M!Games Magazine 上获得了"必玩游戏"奖项。

4)《双人成行》

　　《双人成行》游戏获得 2021 年 TGA 年度游戏大奖,如图 1.3.4 所示。

图 1.3.4　《双人成行》

《双人成行》是由独立游戏工作室 Hazelight 制作,EA 发行的一款双人合作动作冒险游戏,是 TGA 暴躁电影导演约瑟夫·法尔斯的第三部作品,于 2020 年 6 月 19 日发行。

该游戏讲述了一对夫妻在孩子出生后矛盾加剧。某天,孩子偷听到父母将要离婚的事,孩子伤心欲绝,找到拥有神奇力量的哈金博士想办法。哈金博士将这对夫妻的灵魂转移到两个布偶娃娃上,于是夫妻两人为找回原来的身体不得已和对方开始了一场奇思妙想的旅程。

5）《最后生还者 2》

《最后生还者 2》(THE LAST OF US)获得 2020 年 TGA 年度游戏大奖。

《最后生还者 2》是顽皮狗游戏工作室第二团队秘密开发两年的作品,讲述了人类因现代传染病而面临绝种危机,当环境从废墟的都市再度自然化时,幸存的人类为了生存而自相残杀的故事。但是它和以往的同类题材游戏有很大不同,两名主角个性鲜明,在探索困境下突出放大主角们的心理活动,如图 1.3.5 所示。

图 1.3.5　《最后生还者 2》

6）《只狼：影逝二度》

《只狼：影逝二度》游戏获得 2019 年 TGA 年度游戏大奖。

《只狼：影逝二度》(SEKIRO：SHADOWS DIE TWICE)是一款 Software 制作的第三人称视角的动作冒险 RPG 类游戏,玩家将操控一位忍者,拯救他的主人———一位拥有日本贵族血统的大能御子,并向他的天敌复仇。该游戏剧情将探索生活在冲突不断的 16 世纪后期残酷的日本战国时代,在黑暗、扭曲的世界,玩家与威胁生命的敌人对峙,活用义手装备各种致命武器,大显忍者身手,在血腥对抗中潜行、上下穿梭,与敌人正面激烈交锋。

《只狼：影逝二度》游戏于 2019 年 3 月 22 日发行,如图 1.3.6 所示。

7）《死亡搁浅》

2019 年 12 月,《死亡搁浅》游戏获得 TGA 2019 颁奖典礼最佳游戏指导奖。

2021 年 1 月 1 日,《死亡搁浅》获得 PC Gamer 2020 年度游戏奖,如图 1.3.7 所示。

《死亡搁浅》是著名游戏制作人小岛秀夫以及小岛工作室从日本著名游戏公司科乐美(Konami)独立之后发表的首款作品。该游戏讲述主人公山姆必须勇敢直面因死亡搁浅而面目全非的世界,团结现存社会力量,拯救异空间人类的故事,是开放世界风格的动作互动游戏,玩家既能享受探索的自由度,也能体验小岛秀夫游戏一贯的剧情要素,同时游戏还将提供在线内容。

图 1.3.6　《只狼：影逝二度》

图 1.3.7　《死亡搁浅》

8）《原神》

《原神》游戏在 2022 年"玩家之声"票选中获得第一名的成绩，如图 1.3.8 所示。

图 1.3.8　《原神》

　　《原神》是上海米哈游网络科技股份有限公司制作并发行的一款开放世界冒险游戏。
　　《原神》游戏发生在一个被称作"提瓦特"的幻想世界，在这里，被神选中的人将被授予

"神之眼",导引元素之力。玩家将扮演一位名为"旅行者"的神秘角色,在自由的旅行中邂逅性格各异、能力独特的同伴,和他们一起击败强敌,找回失散的亲人,同时,逐步发掘"原神"的真相。

9)《塞尔达传说：王国之泪》

《塞尔达传说：旷野之息》游戏获得 2017 年 TGA 年度游戏大奖,如图 1.3.9 所示。

图 1.3.9　《塞尔达传说：王国之泪》

《塞尔达传说：王国之泪》游戏获得 2022 年最受期待游戏荣誉称号。

《塞尔达传说》是任天堂推出的知名游戏系列,最初于 1986 年在任天堂旗下的 Famicom 平台上推出第一作《塞尔达传说》,之后发展成为系列作品。"塞尔达传说"系列是有史以来综合评价最高的游戏系列之一,和任天堂的"马里奥"系列、"精灵宝可梦"系列等并列为公司的招牌作品,其中 1998 年推出的《塞尔达传说：时之笛》在 Metacritic 网站收录的全球媒体平均分中以 99 分位列历史第一。

2022 年 9 月 13 日,Nintendo Switch 公布最新作正式名称为《塞尔达传说：王国之泪》。

10)《迷失》(STRAY)

《迷失》荣获 TGA 2022 获奖名单最佳独立游戏奖。

《迷失》是一款特别的角色扮演游戏,是关于一只流浪猫在一个异世界流浪的故事。该游戏以新奇的视角,特别的玩法,成为一款很不错的游戏,如图 1.3.10 所示。

图 1.3.10　《迷失》

该游戏以第三人称视角让主角(即一只流浪猫)在一所陌生的城市里流浪,因为一些原因，它无法回到曾经的家，在经历过无数的潜藏、装傻和敏捷的逃跑后，逐渐解开谜团，回到自己曾经的世界。该游戏的故事性还不错，尤其是后面结识一个无人机朋友后，还有一些打斗的内容。

根据 PlayStation Wrap-Up 的数据显示，《迷失》中有 63.5 万个篮球被扣篮，在《迷失》中扣篮有点重要，因为这样做将解锁游戏中的众多奖杯之一。而根据 PlayStation 应用程序的数据，只有 14.2％的玩家在《迷失》中解锁了 Boom Chat Kalaka 奖杯。结合这两个信息可以发现，多达 4 471 831 人在 PlayStation 上玩过《迷失》，使其成为过去几年中玩得最多的独立游戏之一。

1.4　次世代游戏建模的行业需求

目前，市面上的 3A 游戏基本上采用了次世代建模技术。因此，着眼于未来游戏行业的发展状况，次世代建模技能是每位游戏美术建模师都应掌握的核心技能，行业需求持续升高。

次世代游戏建模师无论是在国内还是在国外，行业需求都非常高，薪资待遇也很好。图 1.4.1 是智联招聘有关次世代游戏建模设计师的招聘情况，这些基本是一些普通公司的招聘，知名大厂一般会在相关高校召开专场招聘会，薪资待遇会更好。

图 1.4.1　智联招聘行业需求

目前，国内外知名大厂的高级次世代建模师，月薪在 3 万以上基本是常态。还有很多次世代模型师专门做游戏外包，完整的一套次世代模型，外包售价可达 4～5 万元，待遇相当优厚。但是，目前能达到行业高水平的次世代模型师，在国内可以说少之又少，希望读者能好好学习次世代建模技术，平时多做一些建模练习，早日成为次世代建模高手。

本章小结

本章主要讲解了次世代游戏建模的基本含义、次世代游戏建模与传统手绘游戏建模的区别、全球获奖的优秀次世代游戏经典作品分享，最后介绍了目前次世代游戏建模的行业需求及薪资待遇情况。在低端建模师高度饱和的情况下，尖端高级次世代建模师却珍贵得如凤毛麟角，行业前景一片光明！

第 2 章

科技感大门模型的制作

本章学习目标

- 熟练掌握次世代游戏资产制作的基本流程
- 了解当前游戏行业的主流制作软件工具
- 熟练掌握高、低模型的制作，UV 的展开，贴图的烘焙，次世代贴图的绘制，以及效果图渲染输出的方法和技巧

本章首先介绍制作次世代模型要进行的前期准备工作，其次介绍当前游戏行业主流的制作软件，最后，根据次世代建模的一般工作流程，以科技感大门模型的制作为例，由浅入深地、完整系统地讲解并操作演示次世代大门案例的制作方法和技巧。

2.1 前期准备工作

知识点：
- 主题相关素材图片的收集准备工作
- 相关软件的安装准备工作
- 次世代建模的一般工作流程
- 3ds Max 软件常用的优化设置

2.1.1 相关素材资料的收集

在开始制作游戏模型之前，应根据项目的主题广泛收集相关的素材图片，为后期模型的细节制作提供更多的创意和灵感。本项目的主题是科技感大门，下面是相关素材参考图，如图 2.1.1 所示。

2.1.2 软件的安装准备工作

在正式项目制作之前，还需要提前准备好相关的制作软件。本案例主要应用了 3 款软件，分别是 3ds Max、Marmoset Toolbag、Substance Painter 等，如图 2.1.2 所示。
- 3ds Max：DCC 软件，主要用于制作游戏资产的高模和低模。
- Marmoset Toolbag（八猴）：基于 PBR 渲染技术的次世代渲染器，主要用于烘焙各类贴图（如 Normal、AO、Curvature 等），以及模型效果图的实时渲染。

图 2.1.1　各种科技感大门素材

图 2.1.2　本项目主要使用的三个软件

• Substance Painter：基于 PBR 技术的次世代材质贴图的绘制工具。

建模软件 3ds Max 是当前业内主流的 DCC（Digital Content Creation，数字内容创作）软件，主要应用于游戏三维美术设计、室内设计、建筑可视化设计、工业可视化设计等领域。本案例将使用它制作科幻风格大门的高模和低模。

渲染软件 Marmoset Toolbag，业内俗称"八猴"，这款软件在次世代 PBR 工作流渲染领域可以说是独领风骚，短小精悍，拥有非常出众的实时渲染视觉效果。本案例将用它对作品进行最终的渲染输出。同时，在 Marmoset Toolbag 3 版本，新加入了非常强大的贴图烘焙模块，能大大提高贴图的制作效率，因此，在案例制作中期，我们也使用该软件将高模的细节烘焙成法线、环境光遮蔽、曲率等贴图。

此案例中最重要的一款软件 Substance Painter，简称 SP，它的主要功能是计算并绘制质感逼真的次世代 PBR 材质，并最终输出适合各类三维软件和游戏引擎的 PBR 贴图。目前,这款软件已经成为国内外知名游戏公司进行次世代游戏制作的标配,因此,建议读者一定要熟练掌握这款软件的使用方法。

2.1.3　次世代游戏建模的一般流程

次世代游戏建模的工作流程主要有以下几个步骤:低模(中模)、高模的制作→低模UV的展开→模型贴图的烘焙→PBR材质贴图的绘制→效果图的渲染,如图2.1.3所示。

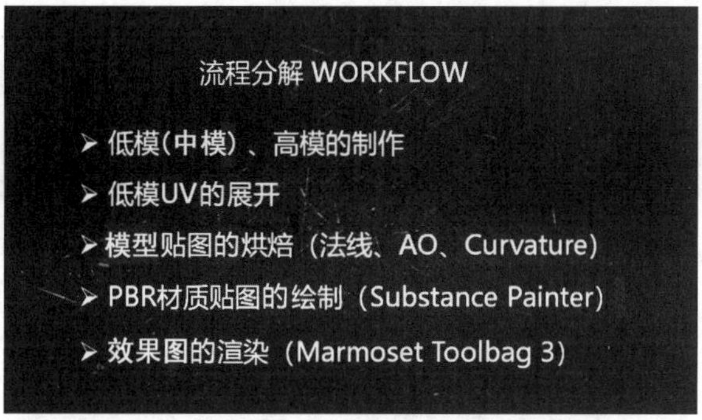

流程分解 WORKFLOW

➤ 低模(中模)、高模的制作

➤ 低模UV的展开

➤ 模型贴图的烘焙(法线、AO、Curvature)

➤ PBR材质贴图的绘制(Substance Painter)

➤ 效果图的渲染(Marmoset Toolbag 3)

图 2.1.3　次世代游戏建模工作流程分解图

1. 低模、高模的制作

第一步,运用建模软件(3ds Max/Maya/ZBrush)进行三维模型的制作,其中包括低模和高模两部分模型的制作。低模是最终需要真正导入游戏引擎或其他三维软件里继续使用的模型,而高模的作用只是为了提供丰富的表面结构细节,以便将这些结构细节烘焙到低模上,这样既可以维持低模较低的面数优势,节省宝贵的数据资源,同时又可以在低模上看到高模丰富的细节效果。

2. 低模 UV 的展开

第二步,高低模型完成后,需要对低模进行 UV 的展开。一个合理的 UV 才能承载精美细腻的模型贴图,如果模型 UV 展开得不理想,或者 UV 没有充分展开,就会直接影响最终贴图的实现效果,甚至会导致贴图显示错误,或者导致模型出现非常难看的瑕疵,无法修复,只能返回 UV 展开这一步,重新展平 UV。因此,不要忽视 UV 展开这步操作,合理的UV 展开是整个建模流程中非常重要的一环。

3. 模型贴图的烘焙

第三步,有了合理规范的 UV 后,就可以将制作好的低模和高模导入 Marmoset Toolbag(简称"八猴")软件中进行贴图的烘焙,需要烘焙得到三套主要的贴图,分别是Normal 法线贴图、AO 环境遮蔽贴图,以及 Curvature 曲率贴图。这三套贴图将在后面的PBR 材质贴图制作步骤中发挥重要作用。

4. PBR 材质贴图的绘制

第四步,是本案例中最关键的制作技术之一。在本环节需要将 UV 展好的低模及前面从"八猴"软件中烘焙好的 Normal 法线贴图、AO 环境遮蔽贴图,以及 Curvature 曲率三套贴图,导入 Substance Painter 软件中,进行 PBR 材质绘制。在这个环节中,本案例将详细讲解 Substance Painter 软件的基本使用,以及贴图绘制的方法,并带领读者由浅入深地分析各类材质质感的表现方法。

5. 效果图的渲染

第五步,本案例最后一步,把低模以及在 Substance Painter 中绘制好的贴图导入"八猴"软件中进行最终效果图的渲染输出。在这个环节中,读者将学习如何运用"八猴"软件中的 HDR 照明以及实时后期处理技术渲染出效果逼真的三维效果图。

2.1.4 3ds Max 的常用优化设置

在模型开始制作前,可以对 3ds Max 进行必要的优化设置。例如,将常用的功能设置快捷键,安装插件,以及编写一些小脚本等以简化操作,节省制作时间等,这些不是必需项,可以根据个人习惯进行设置。

(1) 快捷键设置: Show end result 设置为 Space;Swift loop 快速环切设置为 Shift+D,如图 2.1.4 所示。

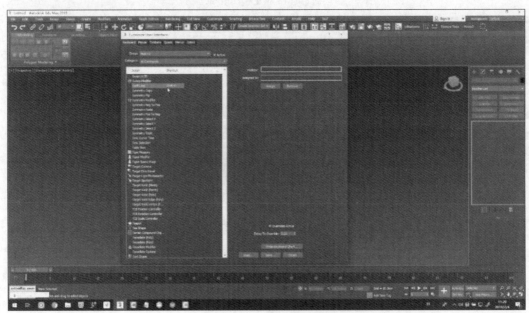

图 2.1.4   常用快捷键设置

(2) 读者可以自行选择安装展 UV 插件 Textool,这样操作会更加简单;如果不喜欢安装插件,可以不安装,不影响本案例的学习,本案例使用的是 3ds Max 软件自带的 UV 展开修改器。

(3) 为了快捷设定常用灰模材质,编写小脚本,将脚本设为工具栏上的快捷按钮,如图 2.1.5 所示。

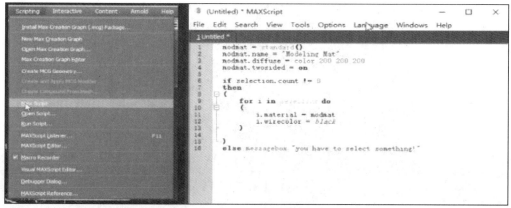

图 2.1.5 灰模材质脚本

2.2 大门低模制作

知识点：
- 分析归纳模型的基本结构
- 掌握低模：线性建模技巧
- 掌握模型布线的基本规范

2.2.1 科技感大门模型的概念图及效果图

根据"科技感大门"的主题定位，最终确认了大门的概念参考图，如图 2.2.1 所示。右图是本案例最终完成的科技感大门的效果图。

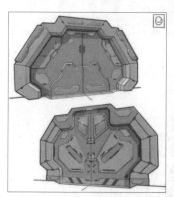

图 2.2.1 科技感大门参考概念图及最终效果

2.2.2 分析归纳模型的基本结构

根据大门的概念图分析归纳出大门的模型，主要由 3 部分组成：门框、门板和地板。注意观察每部分的结构特征，建模时要将主要结构都准确地表现出来，如图 2.2.2 所示。

图 2.2.2　分析并划分大门结构组成

2.2.3　大门低模的制作实践

1. 门框结构制作

第一步，运用二维线性工具 Line 完成一半门框的单线结构的绘制，如图 2.2.3 所示。

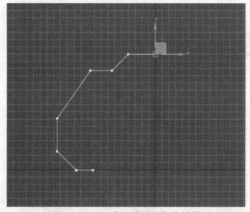

图 2.2.3　一半门框的单线结构

第二步，运用右边属性面板的轮廓工具 Outline 命令，将单线制作出双线的轮廓，这样便完成了一半门框的双线结构的绘制，如图 2.2.4 所示。

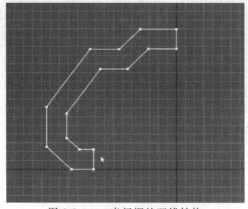

图 2.2.4　一半门框的双线结构

小提示：注意绘制的曲线必须是闭合路径，右键的点模式转为角点模式。

小提示：对齐顶点时，可以启用 2.5D 捕捉，并勾选顶点模式，启用轴约束，如图 2.2.5 所示。

第三步，点击鼠标右键，将曲线物体转换为可编辑多边形，并运用 Connect 连接命令将节点进行连接，使模型变为四边面，门框就由曲线变成了规范的多边形单面模型，如图 2.2.6 所示。

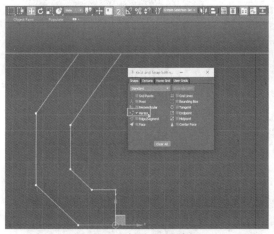
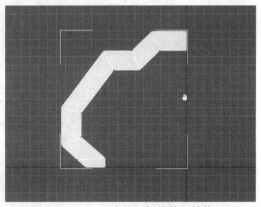

图 2.2.5　启用 2.5D 捕捉　　　　图 2.2.6　一半的门框的单面结构

第四步，添加 Symmetry 对称修改器，如图 2.2.7 所示。在右边的属性面板中先修改镜像轴心，将 X 轴归零，勾选 Flip 反转法线，修改完成整个门框的单面结构模型，如图 2.2.8 所示。

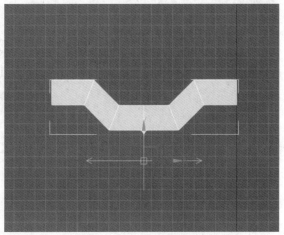

图 2.2.7　使用对称修改器

第五步，运用顶部石墨工具栏的快速环切工具，给门框增加一圈结构线，如图 2.2.9 所示。

第六步，运用前面所讲的轴约束对齐功能，或者在快速环切命令下按住Ctrl＋Alt键，

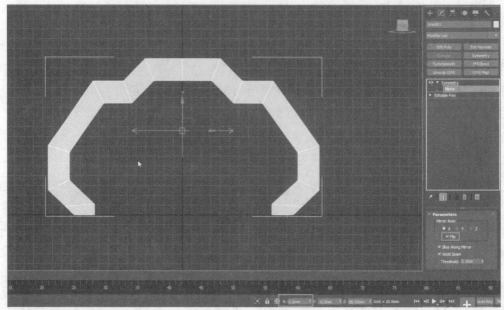

图 2.2.8　修复对称效果

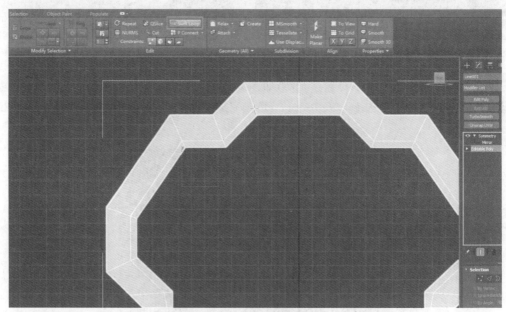

图 2.2.9　快速环切效果

就会产生平行与边缘结构的偏移效果,如图 2.2.10 所示。

2. 给门框添加细节

第一步,在面级别下选中门框前面的所有面,如图 2.2.11 所示。

第二步,在透视图,旋转视角到方便观察的角度,向前移动选中门框前面的面,做出立体结构;然后,点击石墨工具栏中的 Hard 按钮,开启硬边显示,如图 2.2.12 所示。

第三步,在线级别下,从透视图中选择门框的所有边缘线,如图 2.2.13 所示。

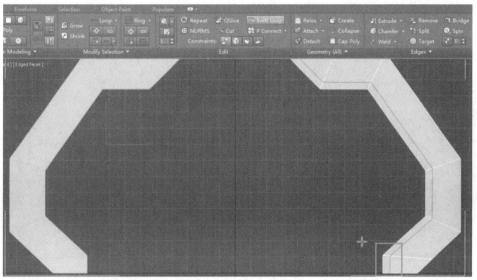

图 2.2.10　对齐边缘结构

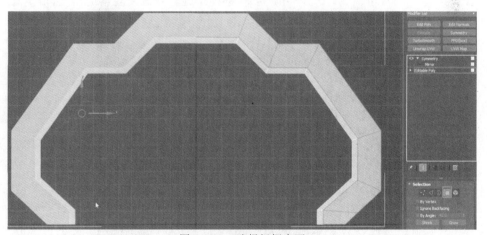

图 2.2.11　选择门框表面

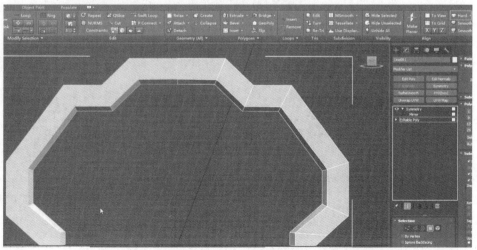

图 2.2.12　制作门框立体结构

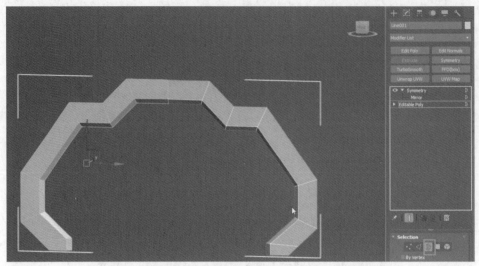

图 2.2.13　选择门框的所有边缘线

第四步,选择门框边缘线,按住 Shift 健,在透视图旋转到方便观察的角度,沿 Y 轴向后移动,门框就产生了厚度,如图 2.2.14 所示。

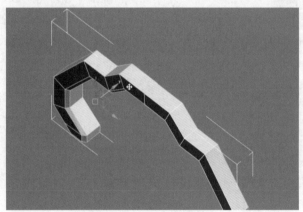

图 2.2.14　制作门框厚度

第五步,切换到顶视图,发现门框后面的边没有对齐,如图 2.2.15 所示。点击石墨工具

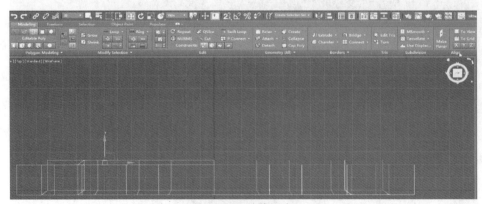

图 2.2.15　边缘不齐

栏的 Y 轴对齐工具,对齐后的效果如图 2.2.16 所示。

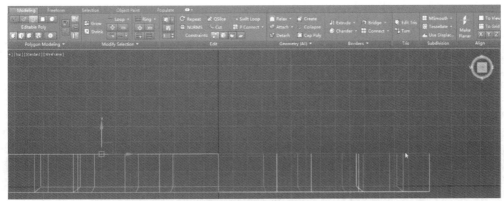

图 2.2.16　边缘对齐

　　第六步,制作门框两侧的装饰结构模型。选择门框的侧面部分面,点击右边属性面板中的分离按钮,进行克隆分离,用以制作门框两侧的装饰结构,如图 2.2.17 所示。

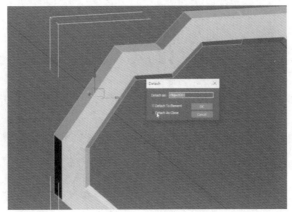

图 2.2.17　克隆并分离

　　第七步,按 H 键启用边约束,调整点的位置,制作出装饰结构的形状、大小,如图 2.2.18 所示。

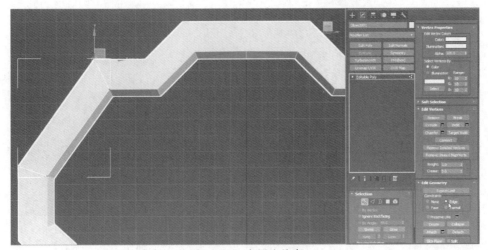

图 2.2.18　启用边约束

第八步，通过加线调点，将模型调整为接近效果图的形状，如图 2.2.19 所示。

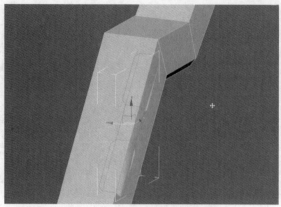

图 2.2.19　加线调点细化结构

第九步，制作立体结构。使用 Bevel 倒角命令将其挤出厚度，如图 2.2.20 所示。

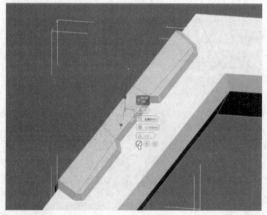

图 2.2.20　倒角

小提示：使用局坐标进行倒角挤出，如图 2.2.21 所示。

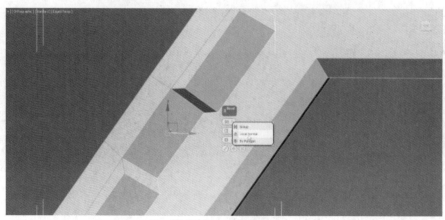

图 2.2.21　倒角坐标

第十步,将两侧装饰结构附加到门框主体结构上,显示门框最终的对称效果,如图 2.2.22 所示。

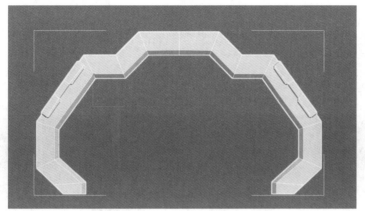

图 2.2.22 门框低模完成效果

3. 制作门板

第一步,提取门板边缘线。选择门框内侧边线,双击,可以选中门框内侧所有的边,点击右边属性栏中的创建形状按钮,如图 2.2.23 所示。

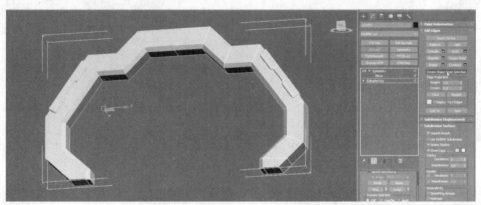

图 2.2.23 提取门框内侧边线创建形状

第二步,使用从门框提取出来的二维曲线创建门板模型,结合创建二维图形的 Create Line 和 Connect 连接命令补齐大门边线,如图 2.2.24 所示。将创建好的门板形状二维曲线

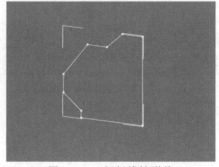

图 2.2.24 门板线性形状

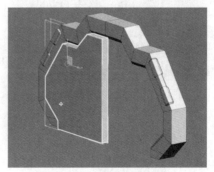

图 2.2.25 制作门板厚度

转换为可编辑多边形，并编辑挤出为门板厚度，如图 2.2.25 所示。

> **小提示**：可以开启 2.5D 捕捉，对齐顶点，最后焊接顶点，完成闭合曲线；
> 按住 Alt＋Q 组合键，可以单独显示模型局部。

第三步，调整门板坐标，添加对称修改器 Symmetry，镜像对称复制出另一半大门，如图 2.2.26 所示。

> **小提示**：如果门板消失，反转法线方向即可。

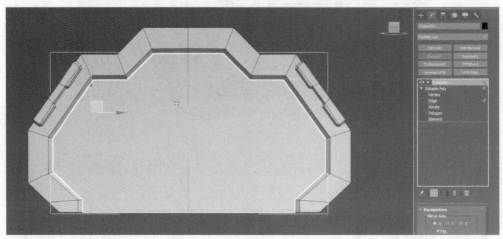

图 2.2.26　对称完成门板

4. 制作地板

第一步，使用几何体建模方式，在顶视图创建一个 Plane 平面物体，将其转为 Polygon 多边形物体并调整地板形状，如图 2.2.27 所示。

第二步，添加 Symmetry 对称修改器，完成地板模型。最后，运用 Bevel 倒角工具挤压完成地板模型。至此，大门的低模就初步制作完成了，如图 2.2.28 所示。

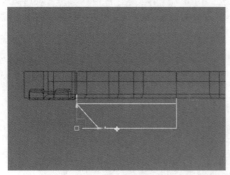

图 2.2.27　调整地板形状

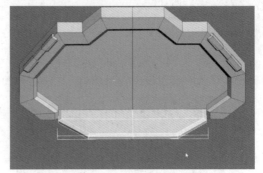

图 2.2.28　完成地板模型

5. 优化低模布线

通过前面的模型制作，大门的低模基本完成，但是模型的布线还不规范，接下来需要对模型布线进行优化。优化之前，读者需要先了解一下布线的作用以及布线的基本规范和注意事项。

1）三维游戏物体优化布线的作用

- 用最少的线面,表现出最好的结构感。
- 方便减少线段,便于制作 LOD 模型,以适应多种场景的切换。
- 方便增加线段,便于后续导入 ZBrush 进一步深入雕刻模型细节。
- 如果后续涉及动画制作,好的布线有利于设置模型的蒙皮权重值。
- 好的模型布线,更方便模型 UV 的拆分。

2）三维游戏物体布线的基本规则

（1）布线疏密的依据。

无论是动画级还是电影级,布线的方法没有太大区别,只是疏密安排不同而已,基本上可以遵循这样的规律:

- 运动幅度大的地方,线条密集,包括关节部位、表情活跃的肌肉群。
- 运动幅度小的地方,线条稀疏,包括头盖骨、部分关节和关节之间的地方。

> **小提示**:密集的线有两个用途,一是用来表现细节;二是使伸展更方便。

（2）布线的准则:动则平均,静则结构。

伸展空间要求大、变形复杂的局部,采用平均法能够保证线量的充沛及合理的伸展走向,以此支持大的运动幅度。变形少的局部用结构法做足细节,它的运动可伸展性不用考虑那么周全。

（3）相对均等的四边形法则。

尽量用全四边面作布线。整体布线中尽量不要出现三边面,如果存在三边面,可以考虑将它移到一个拐角处或是一个不明显的地方,而五边面则一定要重新划成四边面的结构,否则模型质量会受到影响。

优点:面与面大小均等、排列有序,可为后续工作提供便利。

- 方便选择的循环线;
- 方便深入细化、雕刻;
- 方便 UV 的断开;
- 如果是角色造型,将便于以后的骨骼蒙皮。

缺点:若想体现更多的肌肉细节,则面数会成倍增加。

3）三维游戏物体布线时的注意事项

（1）线段有始有终。

不要有来历不明的线,线段要有头有尾,不能无缘无故中途断开。

- 线段有始有终,不会出现黑面、破面。
- 方便隔行删线,制作 LOD 模型。
- 方便修改造型,快速循环线方便选择修改。
- 方便 UV 拆分、材质区分等。

（2）按物体结构走线。

线段的走势要顺应物体的结构,简单说就是按照结构进行走线。例如,人物角色的嘴部和眼部,按照结构走线,由中心向外部散射的环线。

- 方便 UV 拆分。
- 方便区分材质。

（3）布线要干净整洁。

布线工整，尽量横平竖直。删除一些对结构没有影响的线段，使模型布线变得干净、简洁，这样可以使用最少的面数，获得最好的模型效果。

4）了解了模型布线的基本要求，接下来需要优化大门低模的布线

首先，优化地板布线，删除多余的中间线。

在线级别下双击地板的中线，右击移除命令，如图 2.2.29 和图 2.2.30 所示。

> **小提示：**不能直接使用删除命令，否则面也会一块删除，如果需要删除点或者线，则使用移除命令。

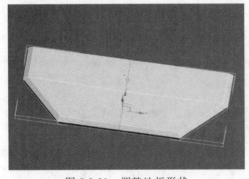
图 2.2.29 调整地板形状

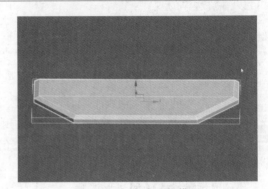
图 2.2.30 完成地板模型

其次，对门板布线进行优化。

使用连接命令，将两个点连接成线。然后，移除不必要的边线和面，按规范整理布线，节省面数资源。大门低模的最终效果如图 2.2.31 所示。

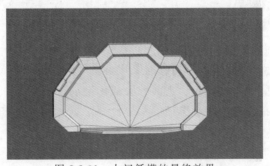
图 2.2.31 大门低模的最终效果

2.3 大门高模制作

知识点：

- 整理低模的模型层级
- 两种圆角边缘细节的制作方法和规范

- 大门高模及细节的制作实践

2.3.1 整理模型的层级关系

在制作高模前,首先需要整理好低模的层级;然后,复制并整理高模的层级,注意同时需要修改模型的命名,养成良好的命名规范,如图 2.3.1 所示。

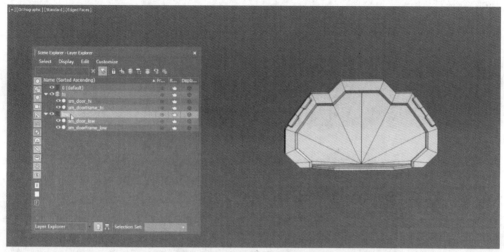

图 2.3.1 大门高低模层级关系

2.3.2 观察图片分析高模的细节结构

观察大门概念图和效果图,分析归纳出大门高模的细节结构,依次制作门框、门板、地板的高模。注意观察大门的细节结构,建模时要将主要结构都准确地表现出来,如图 2.3.2 所示。

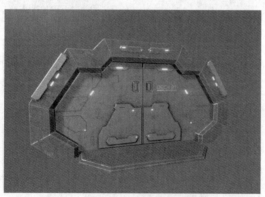

图 2.3.2 观察大门的细节结构

2.3.3 大门高模制作实践

1. 门框高模的边缘细节结构制作

第一步,参照图片效果,选择门框拐角的所有边线,如图 2.3.3 所示。使用右边多边形编辑面板中的 Extrude 命令做成门框的接缝细节,如图 2.3.4 所示。

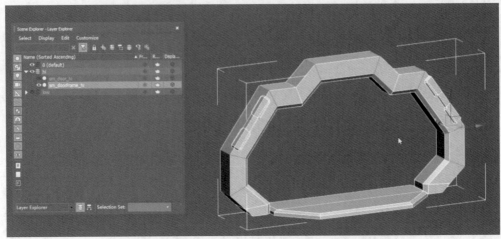

图 2.3.3　门框边缘细节

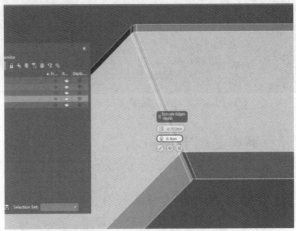

图 2.3.4　挤出门框接缝

第二步，在边缘结构处运用 Chamfer 命令，增加边缘的圆度和结构细节，如图 2.3.5 所示。

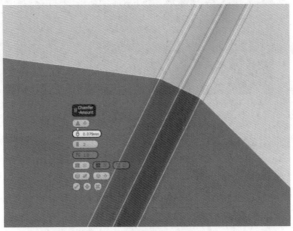

图 2.3.5　再次切分边缘结构

> **小提示**：双击边线，可以快速选中整条循环边。
>
> 按住 Ctrl 键，可以加选其他循环边。

第三步，在门框其他边缘结构处，按 Shift+D 组合键快速环切命令，继续在转折结构处增加环边，这样可以在后续平滑高模时，锁住边缘的硬边结构，俗称卡线，如图 2.3.6 所示。

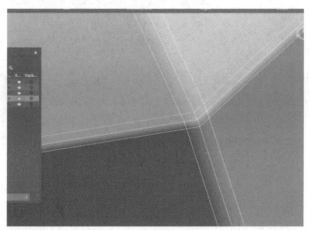

图 2.3.6　切分环边结构

第四步，继续使用 Swiftloop 环切工具为模型的各个边缘结构增加支撑的环边。最后，添加 Turbosmooth 涡轮平滑修改器，平滑参数为 2，检验平滑后的模型效果，如图 2.3.7 所示。

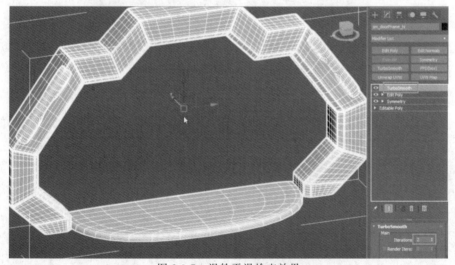

图 2.3.7　涡轮平滑检查效果

通过添加涡轮平滑修改器，可以发现没有增加环边的结构，都变得软乎乎，结构模糊。而在边缘处正确添加环边的结构，则结构细节清晰。

2. 门框侧面装饰结构及地板高模的制作

门框添加涡轮平滑后的效果没有问题，同样使用快速环切命令，继续制作门框两侧的装饰结构以及地板的高模环边，如图 2.3.8 和图 2.3.9 所示。

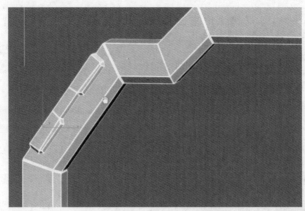

图 2.3.8　侧面装饰结构卡线

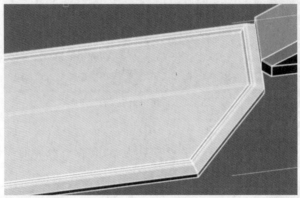

图 2.3.9　地板结构卡线

最后，添加 Turbosmooth 涡轮平滑修改器，检验门框高模平滑后的效果，如图 2.3.10 所示。若没有问题，就可以继续制作大门其他部分的细节结构了。

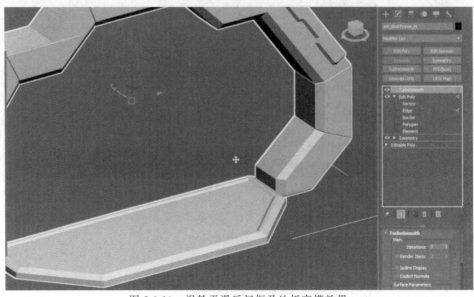

图 2.3.10　涡轮平滑后门框及地板高模效果

3. 大门其他细节结构及其高模的制作

第一步,参照图片效果,利用 Autogrid 自动栅格功能,在门框模型的表面创建平面物体,如图 2.3.11 所示。将其转为多边形后,调点并使用倒角挤压命令,增加门框细节,如图 2.3.12 所示。

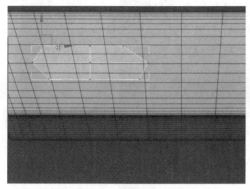

图 2.3.11 创建平面

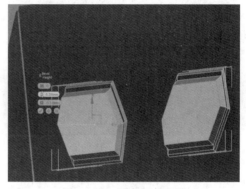

图 2.3.12 增加门框细节

然后,用前面门框高模部分讲的快速环切的方法卡线并添加涡轮平滑修改器,如图 2.3.13 所示。

第二步,用同样的方法创建平面加线调点,制作完成门板的细节结构 2,如图 2.3.13 所示。使用倒角挤出门板装饰细节 2。平面结构布线效果如图 2.3.14 所示。

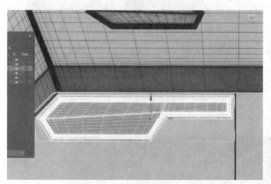

图 2.3.13 增加门板细节

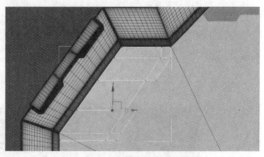

图 2.3.14 增加门板细节 2

然后,使用倒角命令挤出装饰面板的立体结构,如图 2.3.15 所示。

大门门板细节 2 的高模本案例将使用第二种方法制作圆角:通过选边+Chamfer 切角的方式制作。选择需要切角的所有边线,然后点击右边属性面板上的 Chamfer 切角命令,如图 2.3.16 所示。

第三步,使用同样的方法制作完成门板装饰细节 3。先创建平面,加线调点完成平面形状,如图 2.3.17 所示。运用倒角完成立体结构,其高模同样使用选边+Chamfer 切角的方式制作,如图 2.3.18 所示。

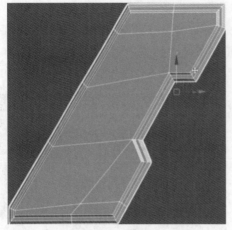

图 2.3.15　门板细节 2

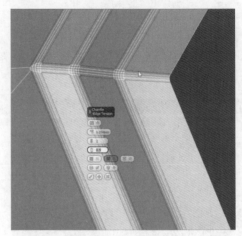

图 2.3.16　切角方式

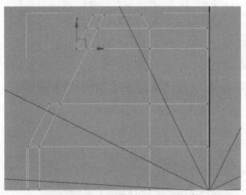

图 2.3.17　门板细节 3 平面结构

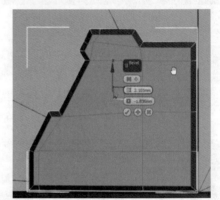

图 2.3.18　门板细节 3 倒角

第四步，将门板上所有的装饰细节附加到门板模型上，如图 2.3.19 所示。

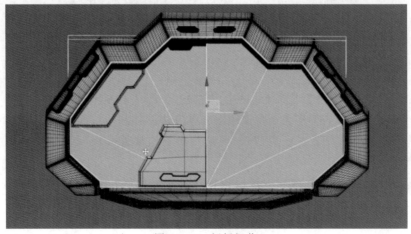

图 2.3.19　门板细节

第五步,删除右边门板,对称镜像左边加完细节的门板,完成大门高模,如图 2.3.20 所示。

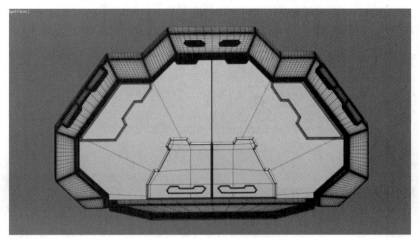

图 2.3.20　大门高模完成

2.4　低模 UV 展开

知识点:
- Uwrap UVW 工具介绍
- UV 的展开修改器
- UV 的展开方式
- UV 的封装摆放

一个合理的 UV 才能承载精美细腻的模型贴图,如果模型 UV 展开得不理想,或者 UV 没有充分展开,会直接影响贴图最终的显示效果,甚至会导致贴图显示错误,出现非常难看的瑕疵,无法修复,否则只能回到 UV 展开这步,重新展平 UV。因此,不要忽视 UV 这步操作,合理的 UV 展开是整个建模流程中非常重要的一环。

2.4.1　UV 展开基础知识

Uwrap UVW 是 3ds Max 软件自带的 UV 展开工具,可以在右边属性面板的修改器列表中找到并添加,下面通过茶壶模型的 UV 展开案例进行 UV 展开基础知识的讲解及操作演示。

1. 创建茶壶模型

在右边属性面板创建一个 3ds Max 自带的标准几何体茶壶,演示 UV 展开的基本方法,如图 2.4.1 所示。

2. UVW Uwrap 修改器界面介绍

在右边属性面板添加 UVW Uwrap 修改器,UV 展开修改器操作界面,如图 2.4.2 所示。界面最上面一栏是菜单栏,主要有文件、编辑、选择、工具、贴图、选项、显示、视图等功能菜单,下面是常用工具栏。

图 2.4.1   创建茶壶

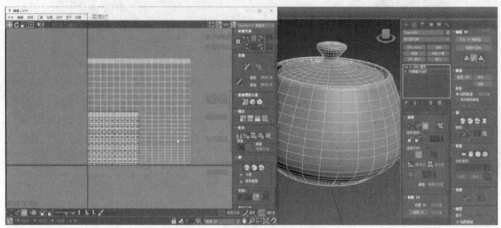

图 2.4.2   UV 展开修改器界面介绍

3. 茶壶以平面方式重新展开

选择所有面，然后选择平面的投影方式，按 Enter 键，茶壶 UV 就以平面投影的方式重新展开了，如图 2.4.3 所示。

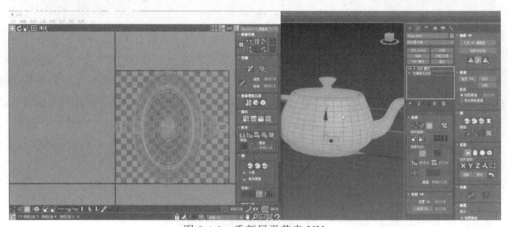

图 2.4.3   重新展平茶壶 UV

4. 按结构拆分茶壶 UV

UV 展开编辑器左下角图标分别是点、线、面、元素四个不同类型，选择元素级别，点选茶壶嘴,将其移动到 UV 编辑框外面,如图 2.4.4 所示。

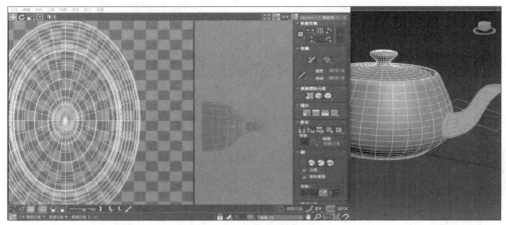

图 2.4.4 移动茶壶嘴 UV

然后,依次选择茶壶把手、茶壶盖子,重新移动摆放好,方便后续对每个部分的 UV 进行展开,如图 2.4.5 所示。

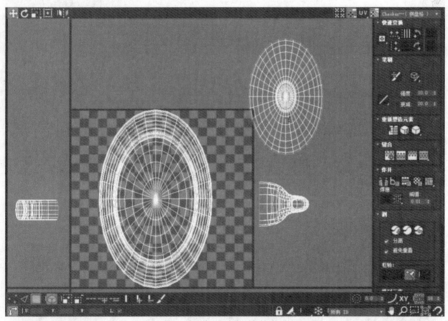

图 2.4.5 拆分摆放好其他部分 UV

5. 茶壶嘴的 UV 展开方式

第一步,选择线级别,在茶壶嘴的下方中间位置选择中线,双击,选中整条线段,如图 2.4.6 所示。

第二步,在 UV 编辑器的"工具"菜单,选择"断开"命令,快捷键是 Shift+R,如图 2.4.7 所示。

第三步,在面级别下,选择茶壶嘴所有的面,点击右边的快速剥按钮,如图 2.4.8 所示。

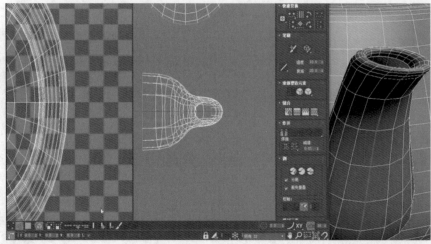

图 2.4.6　选择茶壶嘴中线

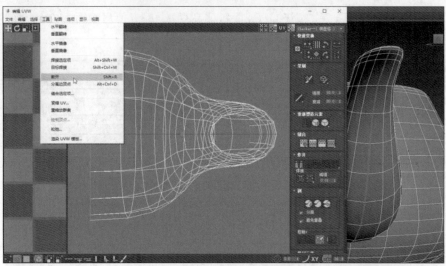

图 2.4.7　断开茶壶嘴中线

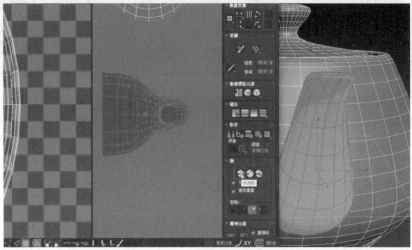

图 2.4.8　快速剥离

第四步，茶壶嘴的 UV 剥离后，效果如图 2.4.9 所示。

第五步，选择"工具"菜单下的"松弛"命令，就可以很好地展开茶壶嘴的 UV，效果如图 2.4.10 所示。

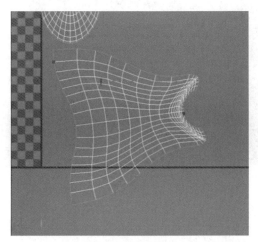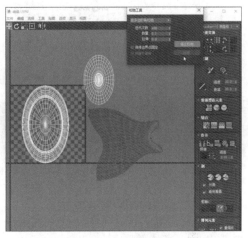

图 2.4.9　剥完效果　　　　　　　　　　图 2.4.10　松弛 UV

第六步，点击 UV 编辑器右上角的棋盘格，检查 UV 展开的效果。棋盘格在模型上显示的效果越接近正方形，说明 UV 展开是正确的。茶壶嘴的棋盘格显示效果如图 2.4.11 所示。

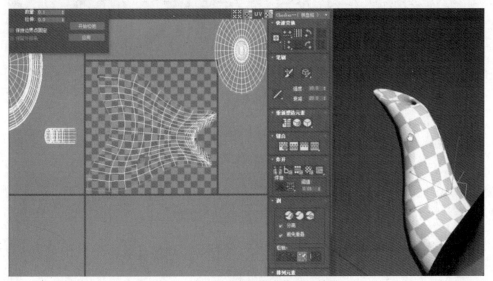

图 2.4.11　茶壶嘴的棋盘格显示效果

6. 茶壶把手的 UV 展开方式

茶壶把手的 UV 展开方式与茶壶嘴的方式基本一致。首先指点把手的拆分中缝线，然后断开，进行 UV 剥离，UV 松弛，最后添加棋盘格，检查 UV 展开是否正确。茶壶把手的 UV 展开效果如图 2.4.12 所示。

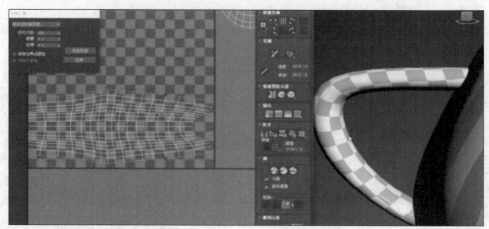

图 2.4.12　茶壶把手的 UV 展开效果

7. 茶壶盖子的 UV 展开方式

茶壶盖子的 UV 展开方式与茶壶嘴的展开方式有所区别。因为茶壶盖子的模型结构相对比较复杂，UV 展开方式也相对复杂一些。需要读者通过多做练习，在实践中逐渐了解 UV 的特性，才能熟练掌握不同模型的 UV 展开方式。

第一步，对茶壶盖进行切分，按照图 2.4.13 所示选择盖子一圈边，然后断开。

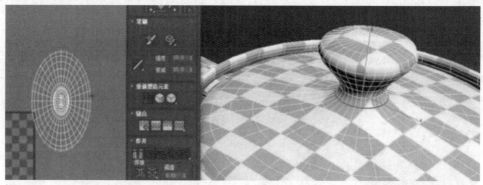

图 2.4.13　切分壶盖

第二步，在元素级别，将茶壶盖两部分移动分开，选择盖子下半部分进行松弛，松弛后 UV 外形变成圆形；然后添加棋盘格，模型上棋盘格显示接近正方形即可，效果如图 2.4.14 所示。

第三步，在线级别，将壶盖顶端按照图 2.4.15 所示对顶面进行边断开，形成两个半圆，之后再进行松弛，添加棋盘格进行 UV 检查，效果如图 2.4.16 所示。

8. 茶壶主体的 UV 展开方式

茶壶主体的 UV 展开方式与前面一样，先将茶壶底面一圈边选中，断开；再选择茶壶侧面中线，断开，如图 2.4.17 所示。

9. 茶壶 UV 的摆放方式

至此，茶壶模型的 UV 拆分就完成了，但是，UV 编辑器里看上去很乱，接下来需要重新

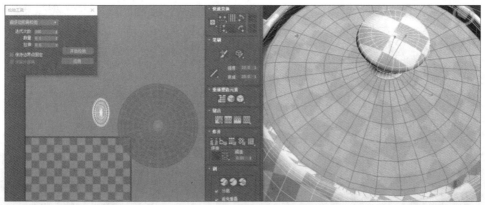

图 2.4.14 展开壶盖下半部分

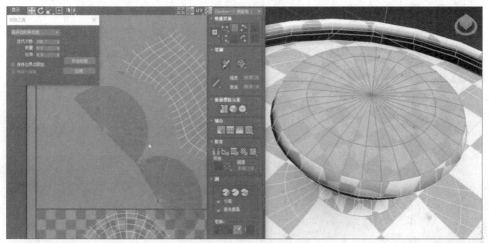

图 2.4.15 展开壶盖上半部分

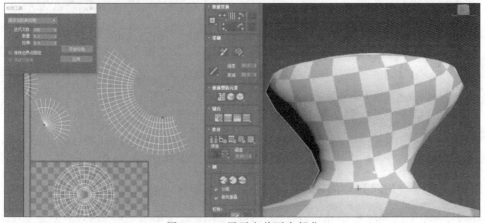

图 2.4.16 展开壶盖下半部分

摆放拆分好的 UV。

第一步,选中茶壶所有 UV,点击重新缩放按钮,此功能会将所有 UV 缩放成均等的比

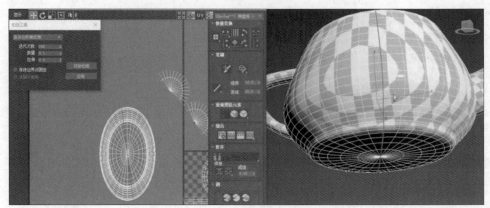

图 2.4.17　展开茶壶主体部分

例，可以看到模型上的棋盘格大小是一样的，如图 2.4.18 所示。

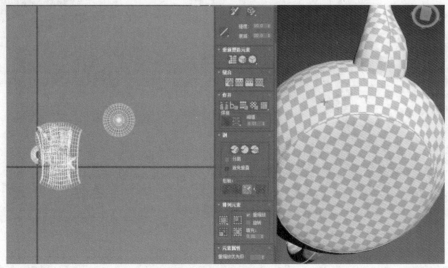

图 2.4.18　平均分布 UV

第二步，选中茶壶所有 UV，点击自动摆放按钮，此功能会将所有 UV 自动摆放到 UV 框内，可以大大节省手动摆放的时间，提高工作效率，如图 2.4.19 所示。如果对自动摆放的效果不满意，可以再手动调节。

前面通过茶壶的 UV 展开案例，讲解了 UV 展开编辑器的常用功能及 UV 展开的一般方式。

接下来继续学习大门低模的 UV 展开操作，通过项目案例锻炼动手实践能力。

2.4.2　大门低模的 UV 展开实践

首先，整理大门的模型文件。打开图层面板，关闭高模图层的眼睛，隐藏高模。打开低模的眼睛，显示大门低模，如图 2.4.20 所示。

1. 门板的 UV 展开方式

大门低模的 UV 展开，先从门板开始。

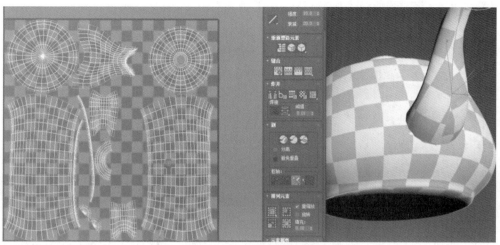

图 2.4.19　UV 自动摆放

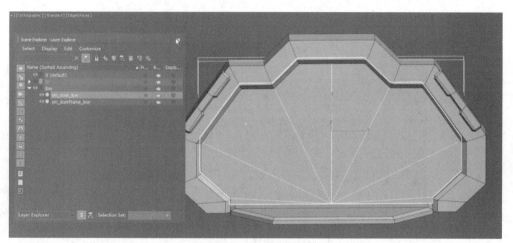

图 2.4.20　显示大门低模

第一步,选择大门的门板模型,单独显示(快捷键为 Alt+Q),如图 2.4.21 所示。

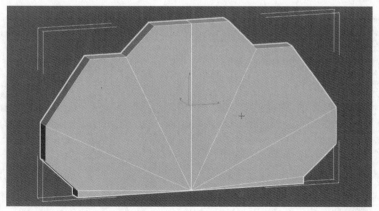

图 2.4.21　单独显示门板

第二步，在修改器面板添加 UVW 展开修改器，如图 2.4.22 所示。

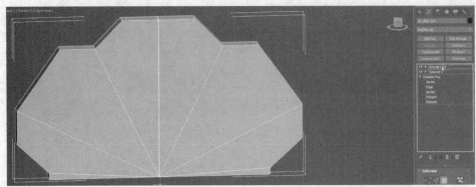

图 2.4.22　添加 UVW 展开修改器

第三步，打开 UVW 展开修改器，在面级别下，选择门板所有的面，点击 Mapping 下的 Flatten Mapping 命令，如图 2.4.23 所示。

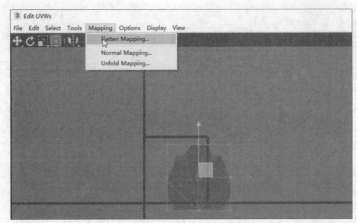

图 2.4.23　选择 UV 展平方式

第四步，Flatten Mapping 命令会把门板上角度比较大的每个面都展开，门板 UV 展平后的效果如图 2.4.24 所示。

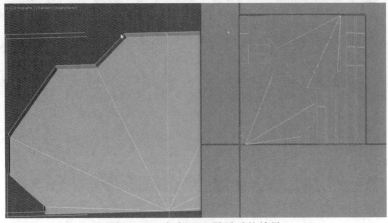

图 2.4.24　门板 UV 展平后的效果

第五步,门板 UV 展平后的效果还是不错的,但是有一块大的面板出现了倾斜,这将不利于后续贴图的绘制,可以通过手动旋转的方式,将倾斜的面转成横平竖直的效果。

第六步,在元素级别,选择倾斜的面板部分,点击旋转工具,手动将倾斜门板转正,如图 2.4.25 所示。

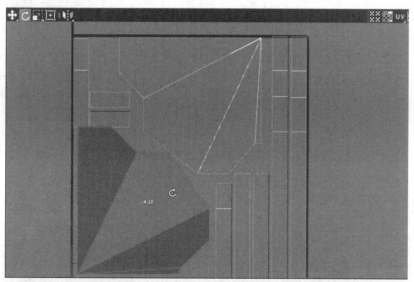
图 2.4.25　手动转正效果

第七步,选择所有面,点击平均分布 UV 按钮,对大门 UV 进行平均分布,如图 2.4.26 所示。

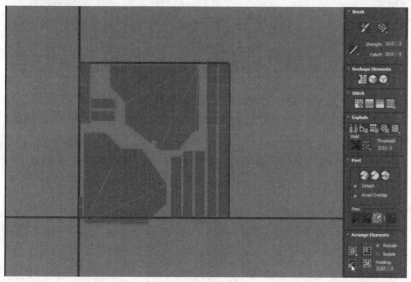
图 2.4.26　平均分布 UV

第八步,对 UV 重新进行排布,点击自动排布 UV 按钮,完成 UV 的自动摆放,如图 2.4.27 所示。

第九步,自动摆放后,有的 UV 边界之间的距离太近,后续制作贴图时,容易出现出血

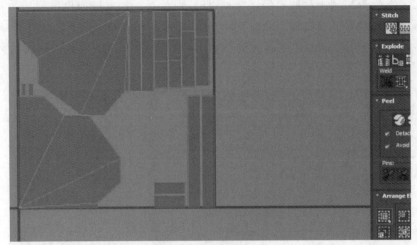

图 2.4.27　自动摆放 UV

的错误效果，形成黑边，需要对 UV 边界距离进行设置。在 UV 摆放模块，将 UV 边界数值改成 0.1，如图 2.4.28 所示。

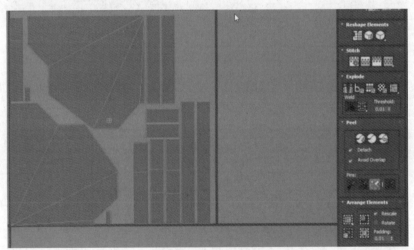

图 2.4.28　修复边界

第十步，大门门板 UV 展好后，关掉 UV 编辑器窗口，右击模型，将其转换成可编辑多边形，如图 2.4.29 所示。

2. 门框和地板的 UV 展开方式

第一步，选择门框和地板模型，同样添加 UVW 展开修改器，在面级别下选择所有面，重新设置平面的 UW 映射方式，如图 2.4.30 所示。

第二步，选择地板所有面，点击 Mapping 下的 Flatten mapping 命令，对地板展平，如图 2.4.31 所示。

第三步，选择门框所有的面，运用 Flatten 命令，对门框进行展平，如图 2.4.32 所示。

第四步，展开门框两侧的装饰结构。

选择门框装饰模型所有的面，点击"工具"菜单中的"松弛"命令，如图 2.4.33 所示。

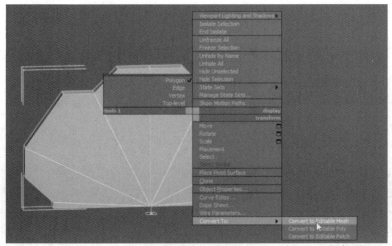

图 2.4.29　塌陷模型 UV

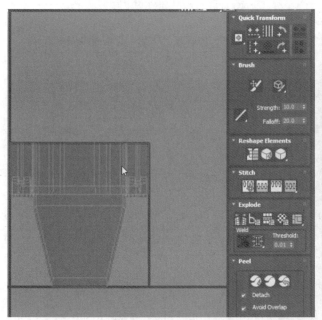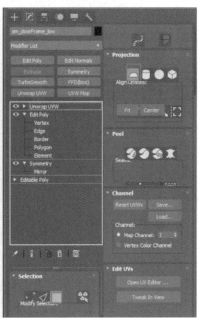

图 2.4.30　重新平面映射 UV

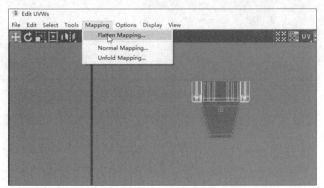

图 2.4.31　展平地板

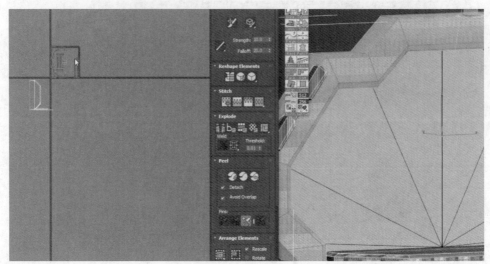

图 2.4.32　展平门框

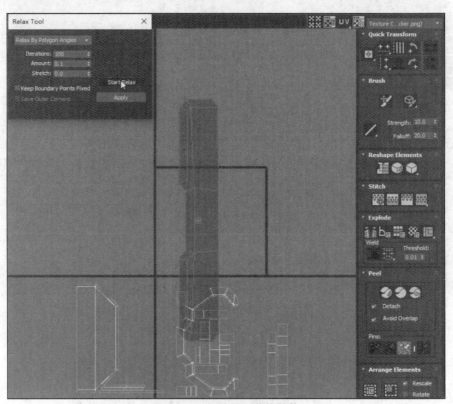

图 2.4.33　松弛展开装饰结构

　　第五步,同样,运用 UV 编辑器的平均分布和自动摆放按钮,完成门框和地板 UV 的重新排布,如图 2.4.34 所示。

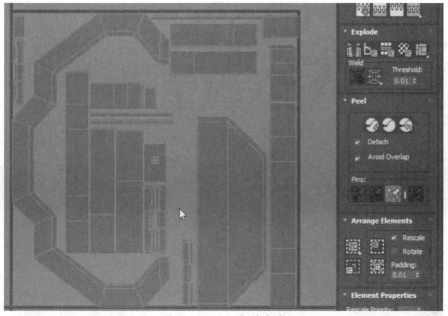

图 2.4.34　UV 摆放完成

2.5　贴图烘焙

知识点：

- 烘焙软件工具的介绍：八猴
- 八猴软件的基本操作
- 八猴软件中 cage 的设置方法
- 利用 baker group 进行分组烘焙

大门案例用到的渲染烘焙软件是 Marmoset Toolbag，业内俗称"八猴"。这款软件在次世代 PBR 渲染领域可以说是独领风骚，短小精悍，拥有非常出众的实时渲染视觉效果，本案例将用它对作品进行最终的渲染输出。同时，在 Marmoset Toolbag 3 版本，新加入了非常强大的贴图烘焙模块，大大提高了贴图的制作效率。因此，在大门制作中期，也将使用该软件将高模的细节烘焙成法线、AO、Curvature 等重要的贴图，用于后续的 PBR 材质的制作。

2.5.1　八猴软件的介绍

　　Marmoset Toolbag（八猴渲染器）是一个功能齐全的 3D 实时渲染、动画和烘焙套件，可为艺术家在整个模型制作阶段提供强大而高效的工作流程。Marmoset 团队宣布发布其实时渲染套件的下一代版本 Marmoset Toolbag 4。Marmoset Toolbag 4 配备了全新的光线跟踪引擎，RTX 支持，3D 纹理工具，可自定义的 UI 和工作区等。最新版本支持 RTX 加速烘焙，Marmoset 制造的免费资源库，可满足渲染和纹理需求，具有更多的功能。Marmoset Toolbag 4 最大的更新之一是添加了新的光线跟踪引擎，该引擎经过优化可在所有现代 GPU 上运行，可以在 NVIDIA RTX 系列 GPU 上更快地获得渲染结果，渲染效果如图 2.5.1 所示。

图 2.5.1　强悍的渲染效果

八猴软件渲染器的官方学习手册：https://marmoset.co/toolbag/learn/。

2.5.2　八猴软件的界面及基本操作

1. 八猴软件的界面

八猴软件的界面如图 2.5.2 所示。界面左侧从上而下依次有菜单栏、快捷工具栏、大纲视图，中间是工作区，工作区下面是动画控制区，右侧主要是材质库以及材质属性面板。

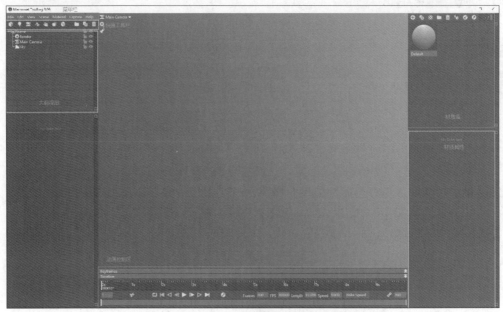

图 2.5.2　八猴软件的界面

2. 八猴软件的常用视图操作方式

- Alt ＋右键：缩放视图。
- Alt ＋左键：旋转视图。
- Alt ＋中键：平移视图。

- Shift＋右键：改变周围环境光照效果。

3. 八猴软件的烘焙工作流程

- 导入要烘焙的高、低模型。
- 创建两个 Baker 烘焙文件。
- 分别把高、低模型放入两个 Baker 烘焙组下。
- 设置贴图烘焙的类型及相关参数。
- 设置输出路径、格式、贴图大小、贴图间距离等参数。
- 进行烘焙。

2.5.3 大门的贴图烘焙实践

1. 大门低模模型的导出

第一步，打开层级面板，关闭高模显示，打开低模显示，选中两个低模文件，如图 2.5.3 所示。

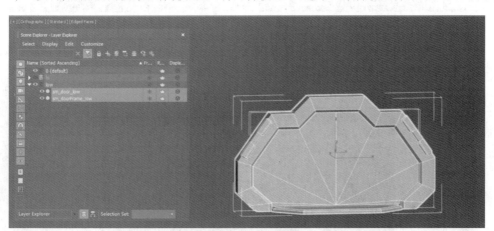

图 2.5.3 选择大门低模文件

第二步，在"文件"菜单中选择"导出"命令，导出选中的大门低模模型，如图 2.5.4 所示。

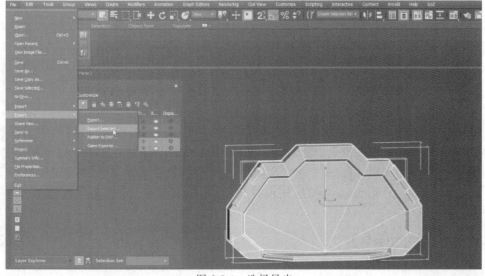

图 2.5.4 选择导出

第三步，指定导出文件的保存路径及命名，文件命名如图2.5.5所示。

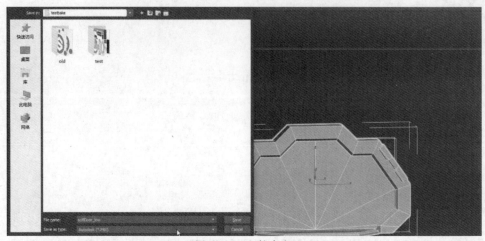

图2.5.5　文件命名

第四步，弹出导出设置面板，勾选光滑组选项，取消动画选项，其他保持默认设置即可，点击OK按钮导出大门低模，如图2.5.6所示。

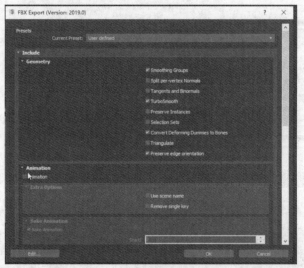

图2.5.6　导出设置面板

2. 大门高模模型的导出

第一步，打开层级面板，显示高模，关闭低模显示，选中所有高模文件，转换为可编辑多边形，这样可以塌陷整理高模上杂乱的修改器，如图2.5.7所示。

第二步，与导出低模一样，先指定导出路径，对文件进行命名并保存，如图2.5.8所示。

第三步，保持与导出低模一样的导出设置，点击OK按钮，完成大门高模的导出，如图2.5.9所示。

3. 大门高低模型的导入

第一步，打开八猴软件渲染器，选择"文件"菜单中的"导入模型"命令，如图2.5.10所示。

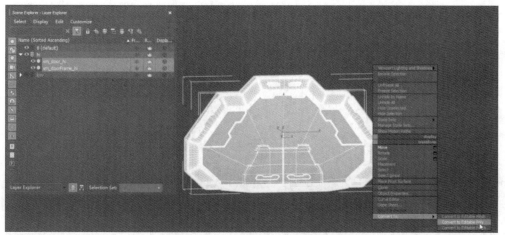

图 2.5.7 选择大门低模文件

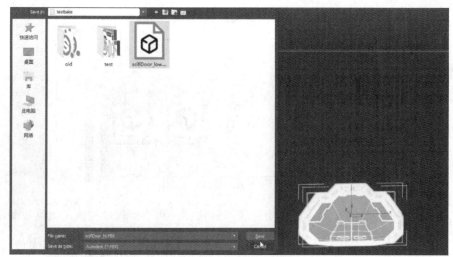

图 2.5.8 大门高模命名

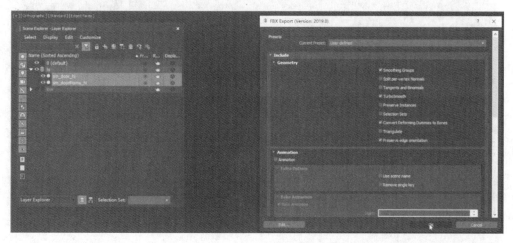

图 2.5.9 大门高模导出设置

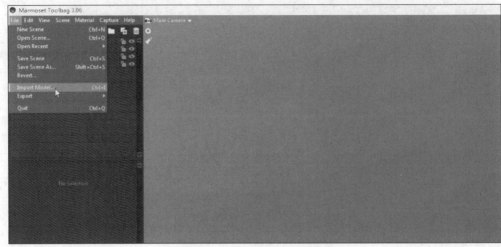

图 2.5.10　选择大门低模文件

第二步，选择前面导出的大门高低模型文件，确认导入，如图 2.5.11 所示。

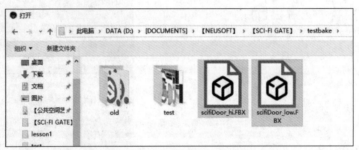

图 2.5.11　选择大门模型文件

第三步，这样，大门的高低模型成功导入八猴软件。从八猴软件左侧的大纲视图中可以看到导入进来的高模模型文件，如图 2.5.12 所示。

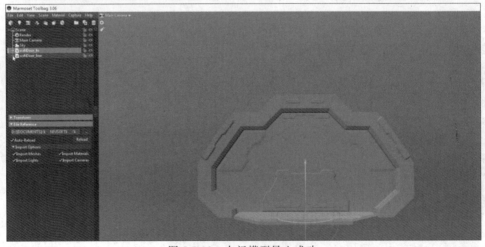

图 2.5.12　大门模型导入成功

点击高模文件，显示高模效果，如图 2.5.13 所示。

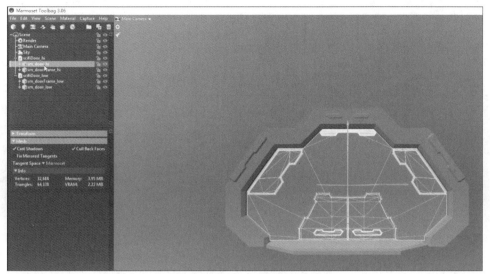

图 2.5.13　大门高模组

点击低模文件，显示低模效果，如图 2.5.14 所示。

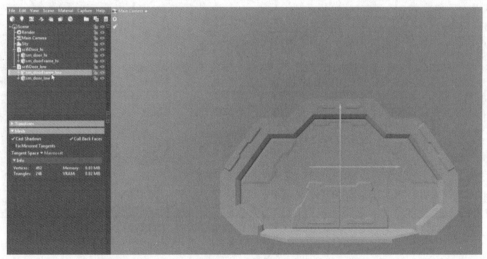

图 2.5.14　大门低模组

4.大门的烘焙流程

大门模型的烘焙分两部分：门框和地板合成 1 组、大门门板 1 组。因此，八猴的烘焙文件也需要创建两组。点击 Baker 烘焙图标按钮两次，创建烘焙文件，如图 2.2.15 所示。

给两个烘焙文件组命名：Baker door 和 Baker doorframe；然后，将导入的大门的高低模拖动到对应 Baker door 组，将导入的门框的高低模拖动到对应 Baker doorframe 组；设置贴图的输出类型为法线、AO、曲率 3 种；在输出面板指定贴图的输出路径，贴图的采样为16X，贴图的 Padding 模式为自定义，尺寸为 1.0；输出的贴图尺寸，可以根据需要设置为 4K（4096）/2K（2048）/1K（1024）像素，然后点击 Bake 烘焙，如图 2.5.16 所示。

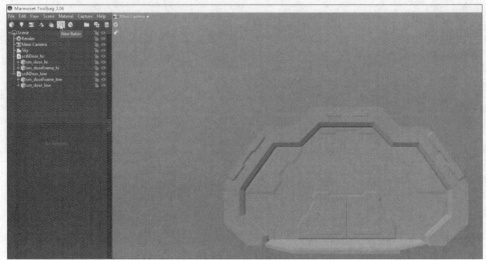

图 2.5.15　创建烘焙文件

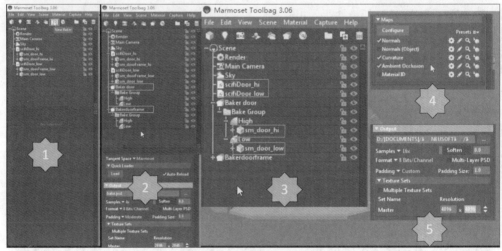

图 2.5.16　大门的烘焙流程

5. 大门的烘焙效果预览

接着，预览烘焙效果。完成大门的烘焙后，在 Bake 面板点击 H 隐藏高模，再点击 P，预览大门低模烘焙效果，如图 2.5.17 所示。

可以看到，大门高模的细节基本被烘焙到低模上了，整体效果还可以，但是细节方面还有一点瑕疵，如部分细节烘焙不完整，门的中缝等问题。

6. 通过调整 Cage 修复烘焙的瑕疵问题

接下来，将通过调整大门低模的 Cage 盒子尝试修复烘焙的瑕疵问题。

Cage 是八猴软件自带的高模包围盒子，它在低模级别下。点击 LOW，模型外面将显示一个淡绿色半透明的包围盒子。通过调节 Cage 面板上的 Max 滑竿，调整盒子对高模结构的包裹状态，修复模型细节缺失的问题。盒子大小刚好包裹住高模细节即可，太大或者太小都不行，如图 2.5.18 所示。

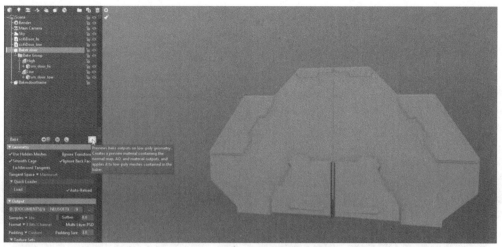

图 2.5.17 预览大门低模烘焙效果

图 2.5.18 预览大门低模烘焙效果

八猴软件内置 Cage 的调节功能比较简单,如果是高模细节比较复杂的模型,可以通过外部导入 Cage 包围盒的方式来解决。在 3ds Max 软件中制作完成一个更加精准的 Cage,导出如图 2.5.19 所示。

将 Cage 模型导入八猴软件中,通过使用自定义 Cage 的方式导入,如图 2.5.20 所示。

然后,将导入的 Cage 模型拖到自定义 Cage 上,再次点击烘焙,如图 2.5.21 所示。

最后,回到上面的 Baker door 烘焙面板,再次点击烘焙按钮,可以看到中缝的问题,也得到了完美的修复,效果如图 2.5.22 所示。

7. 门框的贴图烘焙

接下来,继续完成门框的贴图烘焙工作。

由于门框的细节零碎结构比较多,因此细节比较多的模型最好进行分组烘焙。

第一步,再次回到 3ds Max 软件中,对门框模型进行材质 ID 的划分及多维材质的指

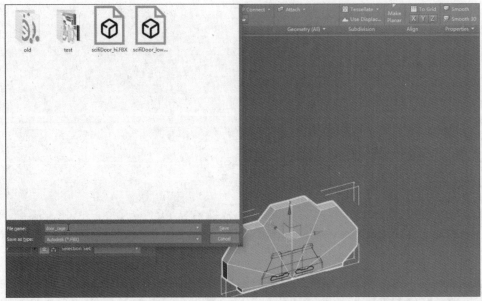

图 2.5.19　导出 3ds Max 制作的 Cage

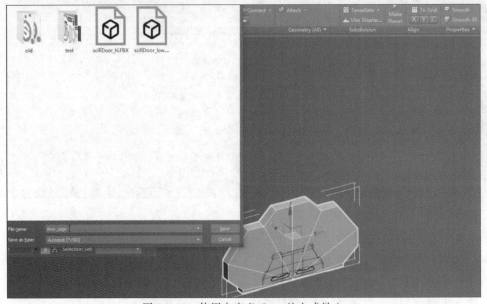

图 2.5.20　使用自定义 Cage 的方式导入

定。本案例对门框的高低模型都重新指定了 3 个材质 ID，如图 2.2.23 所示。重新对大门的高低模型进行导出，方法与前面的方法一样，这里不赘述。

第二步，将分好 ID 的模型重新导入八猴软件，对门框模型的烘焙组文件重新进行替换，如图 2.5.24 所示。

第三步，要实现分别烘焙，解决模型遮挡瑕疵问题，需要分别创建 3 个烘焙组，如图 2.5.25 所示。

第四步，按 Ctrl＋D 组合键复制出 3 组模型文件，整理烘焙组，将模型文件拖到对应的

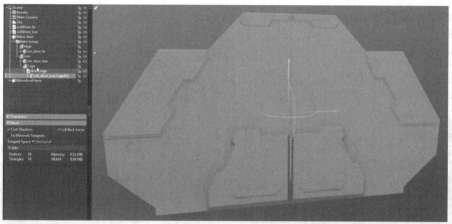

图 2.5.21 Cage 模型

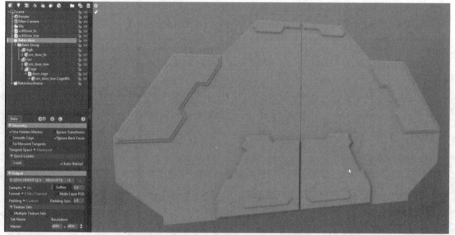

图 2.5.22 Cage 模型修复效果

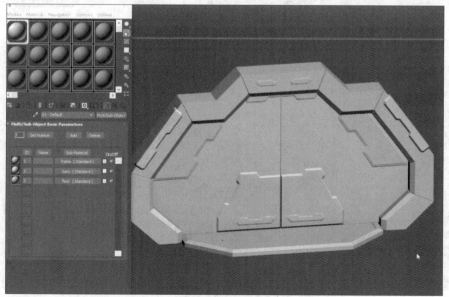

图 2.5.23 预览大门低模烘焙效果

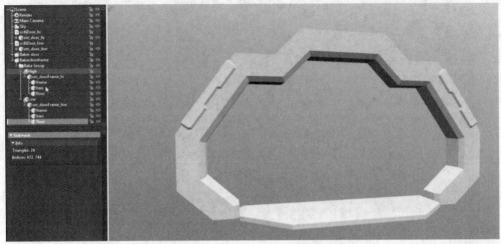

图 2.5.24　替换带 ID 分组的门框模型

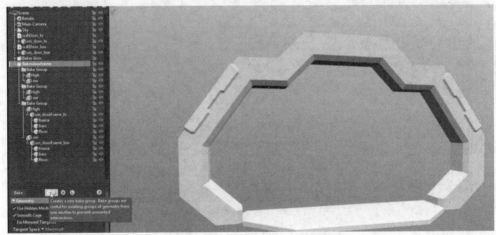

图 2.5.25　替换带 ID 分组的门框模型

位置，如图 2.5.26 所示。

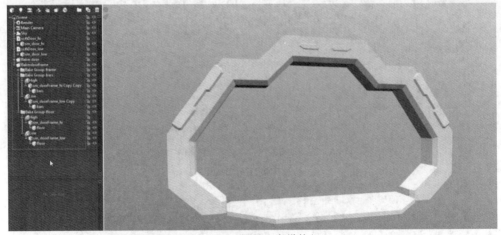

图 2.5.26　整理 3 个烘焙组

8. 贴图烘焙的相关参数设置

第一步,天空环境的参数设置。

八猴软件的天空环境提供了多种效果的 HDI 贴图,可以根据自己的需要更换,如图 2.5.27 所示。

图 2.5.27 天空环境的参数设置

第二步,AO 环境遮蔽贴图的参数设置。AO 环境遮蔽贴图是非常重要的一套贴图,它可以模拟模型上的起伏结构对光线遮挡产生的小阴影,增加贴图光影的真实感。

它的参数设置如图 2.5.28 所示。

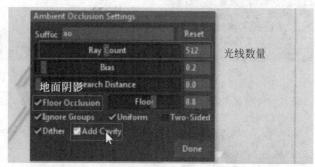

图 2.5.28 AO 环境遮蔽贴图的参数设置

9. 大门贴图的烘焙效果

重新设置好参数后，先对大门门板进行烘焙，效果如图 2.5.29 所示。

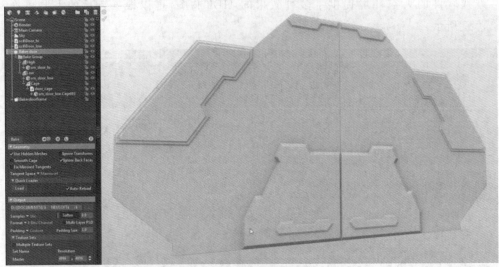

图 2.5.29　大门门板烘焙效果

再对大门门框进行烘焙，效果如图 2.5.30 所示。

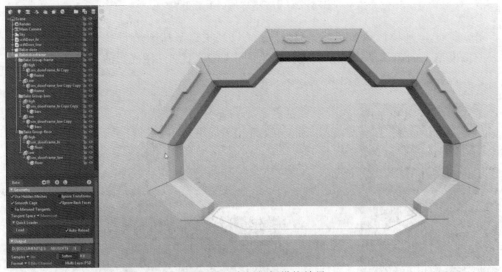

图 2.5.30　大门门框烘焙效果

至此，大门模型的贴图烘焙就完成了。烘焙好的贴图如图 2.5.31 所示。

DF_ao.jpg　　DF_curve.jpg　　DF_normal.jpg　　door.tbscene　　door_ao.jpg　　door_curve.jpg　　door_normal.jpg

图 2.5.31　大门烘焙的贴图文件

2.6　PBR 材质贴图绘制

知识点：

- Substance Painter 软件介绍
- Substance Painter 软件界面及功能介绍
- PBR 材质绘制流程
- 大门 PBR 材质绘制实践

2.6.1　Substance Painter 软件介绍

Substance Painter（简称 SP）是一款功能强大的 3D 纹理贴图软件，该软件提供了大量的画笔与材质，用户可以设计出符合要求的图形纹理模型，软件具有智能选材功能，用户使用材质时，系统会自动匹配相应的材料，用户可以创建材料规格并重复使用适应的材料，该软件中拥有大量的材质制作模板——智能材质，用户可以在材质模板库中找到相应的设计模板，非常高效；Substance Painter 还提供了 NVIDIA Iray 的渲染和 Yebis 后处理功能，用户可以直接通过该功能增强图像的效果。

图 2.6.1 为一些数字艺术家使用 SP 软件制作的作品。

图 2.6.1　数字艺术家使用 SP 软件制作的作品

Substance Painter 软件现在已被 Adobe 公司收购，更名为 Adobe Substance 3D Painter，简称 Pt。读者可以到官网 https://www.adobe.com/cn/products/substance3d-painter.html 通过 Substance 3D 创意流程专业工具集获取 Adobe Substance 3D Painter 软件，如图 2.6.2 所示。

2.6.2　Substance Painter 软件界面及功能介绍

1. Substance Painter 软件界面

Adobe Substance 3D Painter 软件界面如图 2.6.3 所示。

图 2.6.2　Adobe Substance 3D Painter 软件

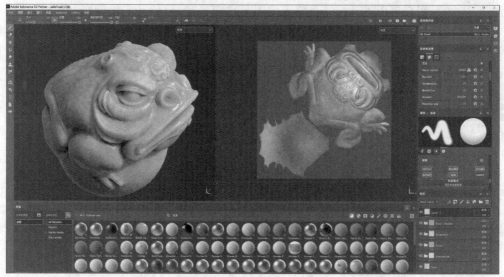

图 2.6.3　Adobe Substance 3D Painter 软件界面

　　Adobe Substance 3D Painter 软件的官网提供了很多的学习教程，想深入了解的读者，可以到官网继续学习。Substance Painter 软件第一次打开时弹出的欢迎界面上有教程、在线文档及论坛，教程网址为 https://creativecloud.adobe.com/zh-Hans/learn。

2. Substance Painter 功能介绍

下面简要介绍一下软件的界面及其主要功能。

1）工具和插件工具栏

绘画工具

选择绘画图层或蒙版，以使用绘画工具。

图标	名称	描述
	绘画	绘画工具让您可将笔刷笔触应用于 3D 网格的表面
	橡皮擦	橡皮擦工具让您可删除或隐藏 3D 网格表面上显示的任何现有的绘画
	投影	投影工具让您可通过在视口上绘制材质，将材质应用于 3D 网格的表面。材质从相机的角度投影
	多边形填充	多边形填充工具让您可根据网格属性（例如多边形面或 UV 展开）创建蒙版
	涂抹	Smudge 工具可让您拉伸、涂抹、模糊或混合任何现有绘画
	仿制	克隆工具可让您复制或克隆任何现有绘画到 3D 网格表面的另一部分
	材质选择器	材质选择器让您可从 3D 网格的表面提取材质信息

相关插件

Painter 包括若干默认插件，以帮助加快工作流程。

图标	名称	描述
	发送到…	使用此项可将您的网格和材质快速发送到其他 Adobe Substance 3D 应用程序
	3D 社区资产	在 3D 社区资产平台上，您可以找到社区创建的数百个资产（材质、滤镜、纹理和笔刷），帮助完成工作流程
	3D 市场	在 3D 市场中，您可以找到 Adobe Substance 3D 团队创建的数百个高品质的资产
	资源更新程序	Painter 的新版本往往包括对材质和滤镜等资产的更新。当打开使用 Painter 旧版本创建的文件时，您可能必须更新文件中的某些资产。使用资源更新程序将资产更新到最新版本

2）主菜单和上下文工具栏

主菜单

创建、打开和保存项目。

主菜单显示几个不同类别和功能：

菜单名称	内容
文件	文件菜单可让您创建新项目并保存现有项目。它还允许您导入项目资源和导出项目纹理
编辑	编辑菜单让您可快速进行撤消和重做操作。它还允许您访问当前项目设置和常规设置
模式	模式菜单让您可切换 Substance Painter 的界面。每个模式都有专门的用途： • 绘画让您可在 3D 网格上绘画以及处理图层堆叠。 • 渲染 (Iray) 让您可创建您当前项目的高品质、更逼真的渲染。
窗口	窗口菜单让您可选择显示或隐藏 Substance Painter 界面的哪些部分。您还可以使用工具栏菜单来隐藏一些工具栏。在此处，您还可以将界面重置回其默认状态
视口	视口菜单让您可更改 3D 和 2D 视口的渲染模式
插件	插件菜单列出 Substance Painter 在启动时加载的所有可用的插件。您可以在 Substance Share 上找到更多插件
帮助	帮助菜单可重组各种操作。从链接到文档到传统的关于窗口，您可以使用此菜单报告错误，以及阅读脚本和着色器文档

上下文工具栏

修改当前笔刷或工具，如图 2.6.4 所示。

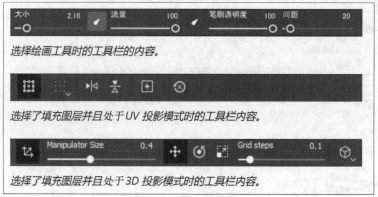

图 2.6.4　上下文工具栏

除各种工具设置和功能外，上下文工具栏还有控制视口显示的功能，例如：

• 隐藏排除的几何体：可用于通过几何体蒙版隐藏几何体。
• 暂停引擎计算：暂停纹理更新。
• 视口模式：仅 3D、仅 2D 或两者并排。
• 相机投影模式：透视或正交。
• 相机旋转模式：约束（2 轴）或自由（3 轴）
• 渲染模式：用于更改为采用 Iray 的渲染模式的快捷方式。

视口设置的上下文工具栏。

3）3D 和 2D 视口

3D 和 2D 视口用于绘制和查看 3D 模型网格，如图 2.6.5 所示。

3D 视口显示 3D 模型网格，2D 视口显示模型网格 UV。视口显示应用于网格的纹理和材质，并且您可以直接在网格或网格 UV 上绘画。视口的顶部有一些下拉菜单，可以使用它们显示不同的通道或网格图。默认情况下，这些下拉菜单设置为材质，它们显示具有逼真的光照的 3D 网格。从下拉菜单中选择另一个选项，可查看该通道或没有光照的网格图。

4）资产面板

资产面板用于管理材质及项目资源，如图 2.6.6 所示。

图 2.6.5　模型效果显示窗口

图 2.6.6　资产面板

资产面板包含可以在图层堆叠中用来创建纹理和材质的资产。

- 借助下拉菜单，可以过滤资产以仅查看属于当前项目或特定库的资产。
- 在搜索中输入任何关键字以查找特定资产。
- 使用以下资产图标来按资产类型过滤。

资产面板中包含以下资产类型：

- 材质；
- 智能材质；
- 智能蒙版；
- 滤镜；
- 笔刷；
- Alpha；
- 纹理；
- 环境。

小提示：可以采用以下几种方法导入新资产：
- 将文件拖放到 Painter 中；
- 点击资产面板窗口右下方的导入资源按钮；
- 使用"文件"→"导入资源"命令。

5）纹理集列表

纹理集列表用于显示 3D 网格的所有材质 ID，如图 2.6.7 所示。

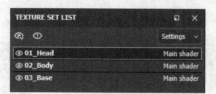

图 2.6.7　纹理集列表

Painter 会为导入的网格的每个材质 ID 创建独立的纹理集。每个纹理集都有自己的图层堆叠。点击纹理集列表中的纹理集可在图层堆叠之间切换。

6）图层堆叠

图层堆叠用于管理和组织绘画图层，如图 2.6.8 所示。

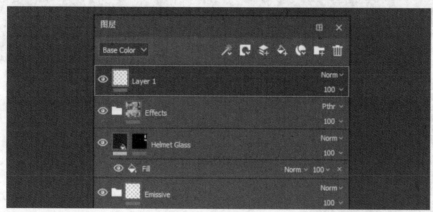

图 2.6.8　图层堆叠

将图层添加到图层堆叠以构建您的材质。图层堆叠中的每个图层可以存放诸如笔刷笔触、纹理和效果之类的信息。图层堆叠组合此信息在 3D 网格上创建纹理。

借助图层堆叠，可以隐藏和取消隐藏图层，将图层分组，以及调整图层的混合模式和每个通道的不透明度。

7）属性面板

属性面板用于修改笔刷、工具和图层属性，如图 2.6.9 所示。

属性窗口会根据您的当前选择或工具发生变化。点击图层将显示其属性。绘画图层将显示工具参数，而填充图层将显示填充属性。其他先进的方法（例如图层实例化）也可在此窗口中显示信息。

8）停靠工具栏

通过停靠工具栏可以访问任何其他窗口，如图 2.6.10 所示。

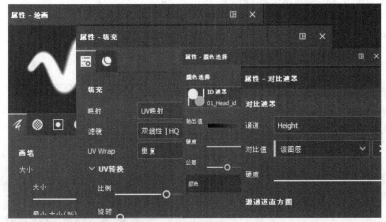

图 2.6.9 属性面板

图 2.6.10 停靠工具栏

当关闭面板时,停靠工具栏会停靠在 Painter 窗口右侧的工具栏中。若要再次打开面板,请点击面板上的图标。点击并拖动打开的面板,可重新排列您的工作区。

2. Substance Painter 强大的功能

1) 强大的绘图引擎

使用智能笔刷、映射工具甚至动态粒子作画,支持 Adobe Photoshop 笔刷预设。

2) 智能材质/智能遮罩

从细微的灰尘到极端磨损效果,实现逼真细节呈现。

3) 高级材料创建

再现真实世界的材质状态,如次表面散射、光泽、各向异性或透明涂层,导出时保留这些属性。

4) 无缝兼容

一键导出至任意游戏引擎、平台及渲染器,创建自定义导出预设,以适应任何管道或工作流程。

5) 自动展 UV

自动展 UV 确保导入的模型无须进行任何贴图前准备。在多个平铺上展 UV,以保证高分辨率。

6) 视觉特效一触即发

支持多贴图绘图(UDIM)、Alembic、相机导入和 Python 脚本,兼容 VFX Reference

Platform，可在 Linux 系统使用，处理电影品质级资产不费吹灰之力。

2.6.3　Substance Painter 基本操作

1. 新建工程并导入素材

1）打开样本

Substance Painter 软件提供了四个样本，可以打开进行学习和使用。我们使用的样本为 Meet Mat，导入之后可以导出为 obj 格式，如图 2.6.11 所示。

2）新建工程文件

如果要导入模型，需要新建文件，如图 2.6.12 所示。

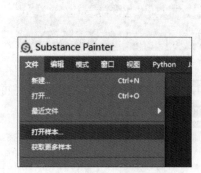

图 2.6.11　打开样本　　　　　图 2.6.12　新建工程

选择"文件"→"新建面板"命令，可以选择添加模型，设置贴图尺寸，以及增加烘焙好的法线、AO、曲率等贴图信息，如图 2.6.13 所示。

2. 修改设置

选择"编辑"→"设置选项"命令，可以修改缓存盘位置，如果 C 盘空间不够大，则可以在这里修改，如图 2.6.14 所示。

3. 模式选择

Substance Painter 共有两种模式，分别是绘画模式（F9）与渲染模式（F10）。

软件默认是绘画模式，是用来绘制贴图的，渲染模式是专门用于渲染的。

可以通过模式菜单进行切换，也可以使用快捷键 F9/F10 进行切换。

4. 窗口

如果不小心把操作窗口关闭了，可以在窗口面板中将其开启，从而复原。如比较重要的

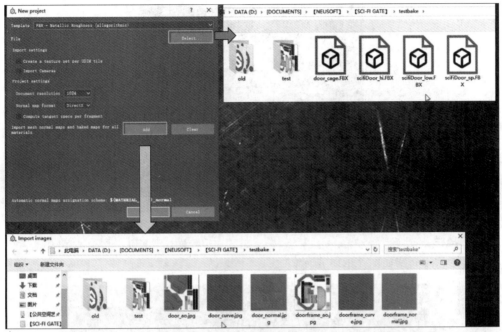

图 2.6.13 新建面板介绍

图 2.6.14 修改缓存盘位置

历史记录窗口等，也可以使用重置 UI 功能，将 UI 界面重置，如图 2.6.15 所示。

图 2.6.15　窗口修复

5. 工具栏

工具栏总体介绍如图 2.6.16 所示。

图 2.6.16　工具栏总体介绍

1）画笔绘制工具：可以进行基本的贴图绘制，工具栏上方有相关属性调整的选项。

2）橡皮擦工具：可以擦除绘制错误的地方，类似 PS 橡皮擦功能。

3）映射工具：主要用来映射材质贴图。

4）多边形选择填充：主要用来选择几何体多边形，可以选择用三角形、四边形或者是立方模式填充，如果是立方模式，就是模型整体分块进行填充。

5）涂抹工具：可以对用画笔绘制的图形进行涂抹，涂抹之后原来的图案可以被抹开。

6）图章工具：图章工具的功能类似 PS 的图章印制功能。

7）吸管工具：可用来选择材质。

6. 常用视图操作方式

Alt＋鼠标左键：旋转视图；

Alt＋鼠标右键：缩放视图；

Alt＋鼠标中键：平移视图；

Alt＋鼠标左键＋Shift：快速切换到水平或者垂直视角；

F1 显示：模型＋UV；

F2 显示：模型；

F3 显示：UV。

7. 对称

想开启对称的选项，需要在这里开启，如图 2.6.17 所示。

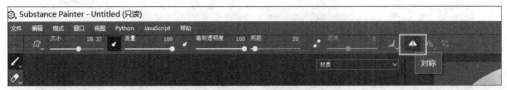

图 2.6.17　开启对称命令

对称按钮旁边有一个修改对称设置的按钮，通过它可以修改对称的轴为 y 轴或 z 轴等，如图 2.6.18 所示。

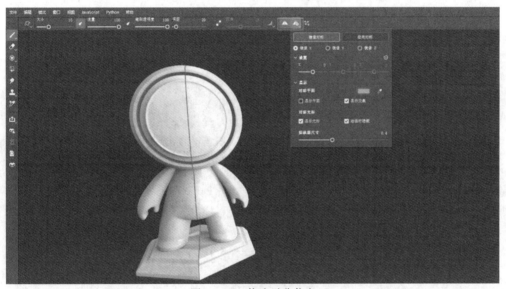

图 2.6.18　修改对称信息

8. 光照效果修改

按住 Shift＋鼠标右键拖曳，可以更改光照在模型上的角度，查看不同的光影效果，如图 2.6.19 所示。

2.6.4　大门 PBR 材质绘制实践

1. MAX 模型整理与导出

- 按快捷键 M，打开材质编辑器，重新设置两个材质球，分别指定大门和门框模型。
- 在面级别下，选择模型所有的面，指定 ID 为 1，统一材质 ID，如图 2.6.20 所示。
- 整理好后，导出模型为 .fbx 格式，注意命名规范。

2. SP 模型及贴图导入

打开 Substance Painter 软件，选择"文件"→"新建（Ctrl＋N）"命令，导入步骤如

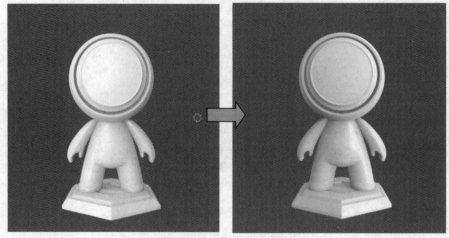

图 2.6.19　修改光照效果

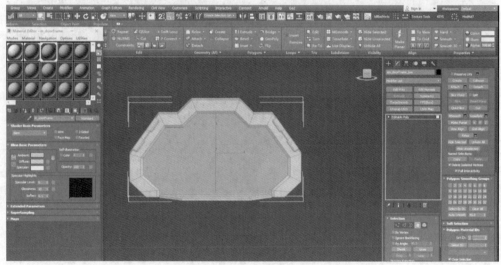

图 2.6.20　重新整理模型

图 2.6.21 所示。

- 新建工程文件；
- 选择模型：前面刚整理好的大门低模；
- 设置贴图分辨率：2048(2K)或 4096(4K)均可；
- 法线格式：选择 OpenGL；
- Add 添加贴图：八猴烘焙好的法线、AO、曲率 3 套贴图；
- 点击 OK 按钮，完成导入，如图 2.6.22 所示。

3. SP 基本操作方式

- Alt＋左键：旋转视图；
- Alt＋右键：缩放视图；
- Alt＋中间：平移视图；
- Shift＋右键：切换光线。

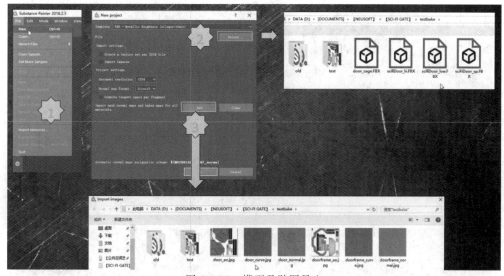

图 2.6.21 模型及贴图导入

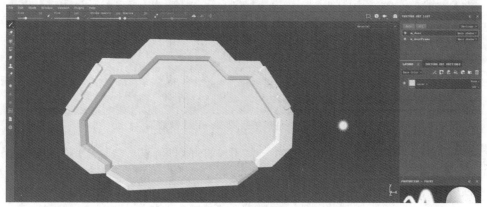

图 2.6.22 大门导入

4. 设置贴图纹理集

大门模型导入后,SP 右上角纹理集模块会显示 M_door 和 M_doorframe 2 个文件,这两个文件就是 3ds Max 指定的 2 个材质球,将是后面我们制作材质贴图的基础。

选择 M_door 大门门板文件,下面的纹理集通道列表,依次有固有色通道、金属性通道、粗糙度通道、法线通度和高度图通道,后面将通过这些属性模拟各种逼真的材质效果。如果这几种基本通道不能满足需要,还可以通过右边的"+",添加其他特殊效果的通道。

例如,本项目大门案例有发光效果,需要添加自发光通道,如图 2.6.23 所示。

添加完自发光通道后,依次将在八猴里烘焙好导入进来的法线、AO、曲率图分别指定到对应的通道里,设定好两大门低模已经显示出高模的效果了,如图 2.6.24 所示。

5. 材质的基础制作方法

前面的准备工作做好后,就可以开始制作材质贴图了。

正式制作项目前,先了解一下材质制作的基础方法。

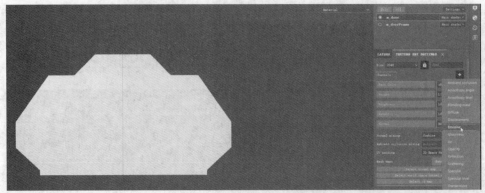

图 2.6.23　添加纹理集自发光通道

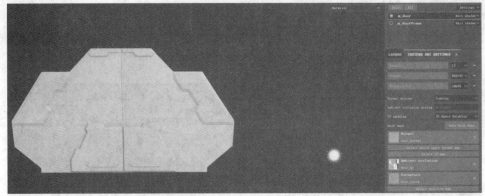

图 2.6.24　将烘焙贴图添加到纹理通道

　　第一步，制作大门整体的金属质感底层材质。打开图层面板，删除原来的新建图层，点击创建填充图层，如图 2.6.25 所示。

　　新建图层的底层是透明的，而填充图层可以将模型整体填充上一层材料。

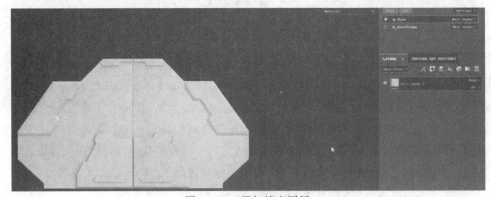

图 2.6.25　添加填充图层

　　第二步，打开属性面板。在固有色下方指定一种颜色，大门的颜色就变成了选择的颜色，如图 2.6.26 所示。

　　第三步，高度通道参数设置。可以通过调整参数的正负值，绘制表现细节的凹凸纹理，

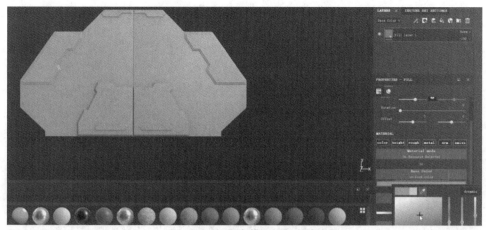

图 2.6.26 指定模型基础颜色

这里暂时不需要。

第四步,粗糙度通道参数设置。可以调节材质表面是粗糙的还是光滑的,控制材质反射的效果。当粗糙度值为 0 时,表面非常光滑,能反射周围的环境信息,如图 2.6.27 所示。当粗糙度值为 1 时,表面很粗糙,物体表面没有反射效果。

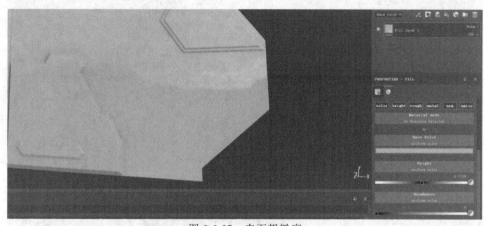

图 2.6.27 表面粗糙度

第五步,金属性通道。可以调节材质是不是金属,控制材质的效果。当金属度为 0 时,表面材质就是非金属,例如塑料等材料,如图 2.6.28 所示。

当金属度为 1 时,表面材质就是金属,如图 2.6.29 所示。

金属性通常可以配合粗糙度参数一起调整,当粗糙度值为 0,金属度为 1,物体表面就会呈现出亮面不锈钢金属的质感,如图 2.6.30 所示。

当金属度为 1,适当给一些粗糙度,物体就会呈现出不同程度的磨砂金属的质感,如图 2.6.31 所示。

6. 大门旧金属底层材质的制作

本案例中,大门的底层金属材质,是通过添加并调节智能材质的方法制作的。

第一步,打开材料面板,Substance Paianter 软件提供了非常多的基础材质,有各种各样

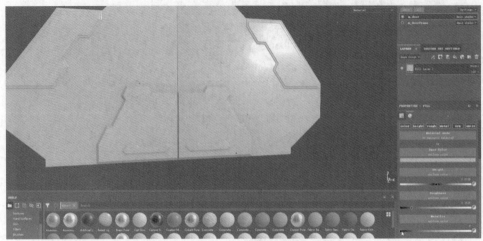

图 2.6.28　非金属材质

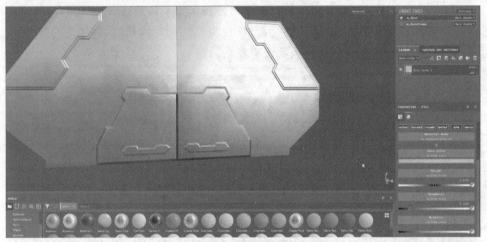

图 2.6.29　金属材质

图 2.6.30　不锈钢材质

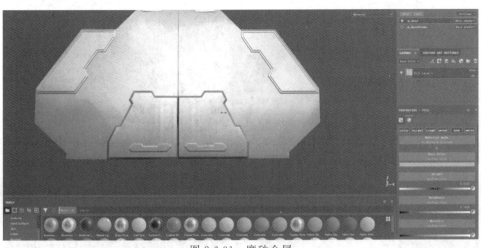

图 2.6.31 磨砂金属

的基础材质,如图 2.6.32 所示。

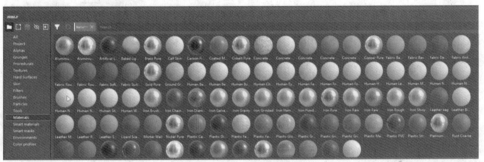

图 2.6.32 基础材料库

材料面板还提供了一种比较高效的材质—智能材质,选择其中一种旧银质的材质,如图 2.6.33 所示。

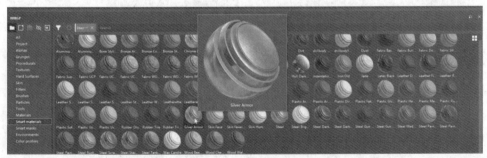

图 2.6.33 智能材料库

第二步,把选好的材质拖曳到右边的图层面板,大门就显示出旧银质的金属效果,如图 2.6.34 所示。

第三步,根据想要的效果调整智能材质参数。

打开旧银质材质文件夹,里面有很多图层,工作原理类似与 Photoshop 的图层。先调整最底层的基本颜色,将填充层的浅灰色调成深灰色,感觉更加陈旧一些,如图 2.6.35 所示。

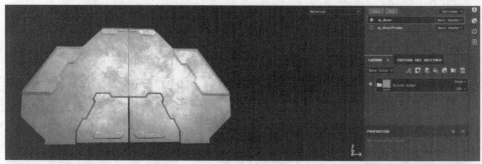

图 2.6.34　大门底层基础金属材质

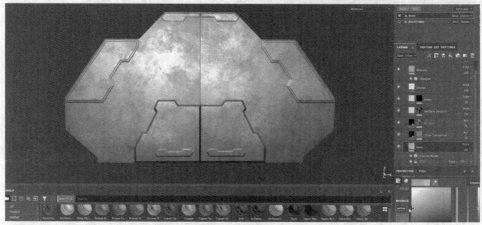

图 2.6.35　大门底层基础金属材质

第四步，根据需要调整 AO Dirt 层的透明度值，本案例调成 55 左右，如图 2.6.36 所示。

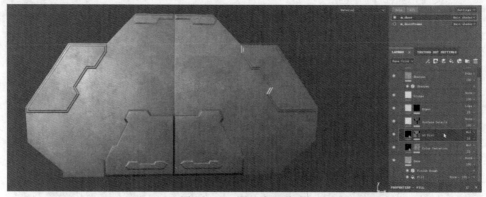

图 2.6.36　调整表面脏迹

　　表面细节图层增加了一些划痕等细节纹理，其他图层也可以根据需要调整保留，如图 2.6.37 所示。

7. 边缘磨损效果的制作

第一步，新建一个填充图层，模拟金属边缘磨损掉漆的效果，如图 2.6.38 所示。

第二步，调整金属边缘磨损的通道参数。如图 2.6.39 所示。

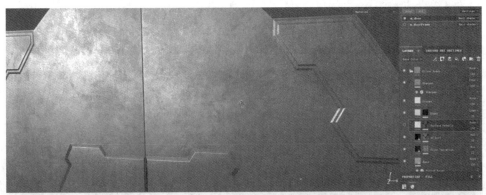

图 2.6.37　表面细节图层

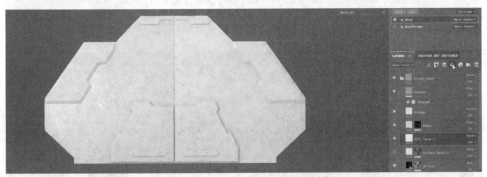

图 2.6.38　新建填充图层

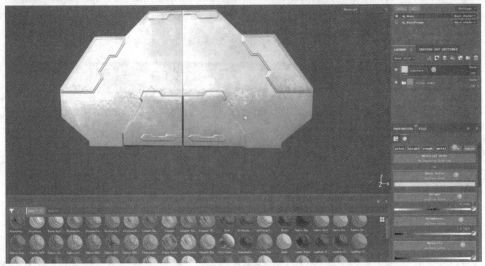

图 2.6.39　调整金属边缘磨损的通道参数

（1）调整边缘磨损的图层位置，拖曳到图层最上面，修改命名；

（2）去掉边缘磨损用不到的法线和自发光通道信息；

（3）固有色颜色调成磨损光亮的黑白色；

（4）高度通道调成－0.02 左右的值，模拟磨损后凹陷的效果；

（5）粗糙度值大概 0.2 左右；

（6）金属度调成 1,是金属材料。

第三步,给边缘磨损图层添加黑色遮罩蒙版,如图 2.6.40 所示。

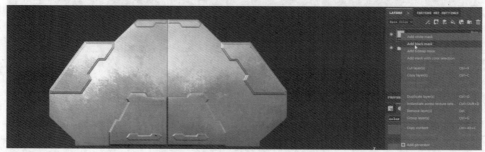

图 2.6.40　添加黑色遮罩蒙版

黑色遮罩可以遮住亮白色的磨损颜色,露出原来的旧金属底色,如图 2.6.41 所示。

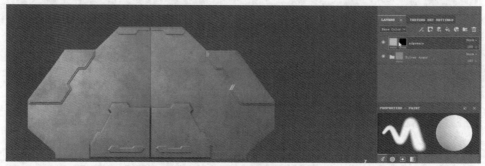

图 2.6.41　添加遮罩后的效果

第四步,给边缘磨损图层的黑色遮罩添加特效,如图 2.6.42 所示。

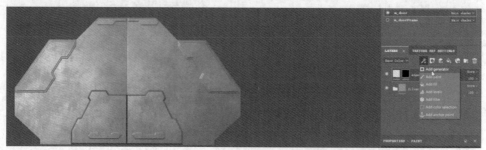

图 2.6.42　给遮罩添加特效

第五步,通过右边的属性面板,添加金属边缘磨损效果生成器,如图 2.6.43 所示。

金属边缘磨损效果生成后,大门的边缘结构处产生了明显的磨损效果,如图 2.6.44 所示。

第六步,通过右边的属性面板调整边缘磨损参数,使之更加自然、真实。

通过黑色蒙版添加绘制功能,选择适合绘制脏迹的笔刷,如图 2.6.45 所示。

通过画笔工具,将颜色调成黑色,参照真实的磨损原理修改磨损效果,如图 2.6.46 所示。

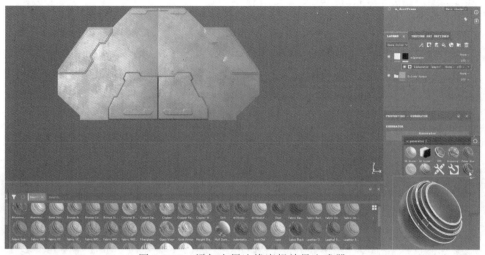

图 2.6.43 添加金属边缘磨损效果生成器

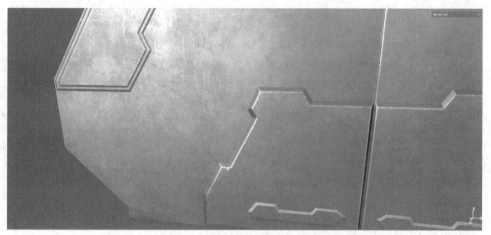

图 2.6.44 大门边缘磨损效果

图 2.6.45 添加画笔工具

第七步,再调整一下右边磨损属性栏的参数,调整后的磨损效果如图 2.6.47 所示。

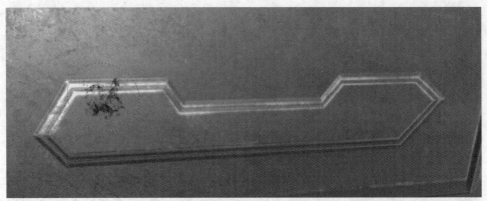

图 2.6.46　修改磨损效果

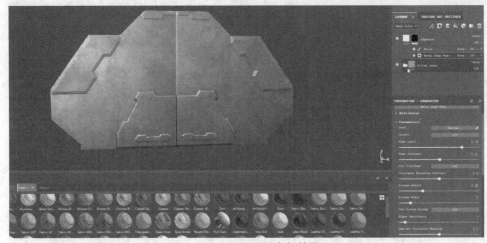

图 2.6.47　调整后的磨损效果

8. 堆积灰尘的做旧效果制作

接下来,继续为大门制作灰尘层效果。由于大门使用年限较长,有磨损的效果,因此肯定还有灰尘堆积。

第一步,同样添加一个填充图层,修改图层命名。

第二步,制作灰尘层只需要颜色、高度、粗糙度通道,其他通道可以关闭。

第三步,颜色层调成深灰色,模拟脏脏的灰尘。

第四步,高度层数值调成 0.02 左右的正值,模拟灰层堆积在金属表面上形成的薄薄的厚度。

第五步,粗糙度值调成 1,灰尘比较粗糙,没有反射。

大门案例的灰尘层通道参数设置如图 2.6.48 所示。

第六步,与前面制作磨损一样,先给灰尘层添加黑色遮罩,再给黑色遮罩添加灰尘效果生成器,最后在属性面板选择灰尘效果生成器,如图 2.6.49 所示。

第七步,调整灰尘参数,完成灰尘层效果制作,如图 2.6.50 所示。

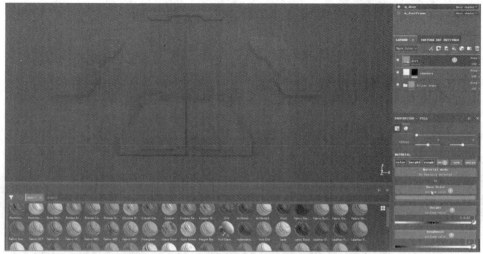

图 2.6.48　大门案例的灰尘层通道参数设置

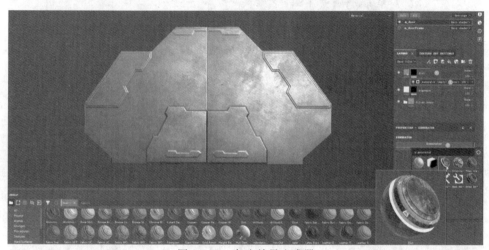

图 2.6.49　灰尘效果生成器

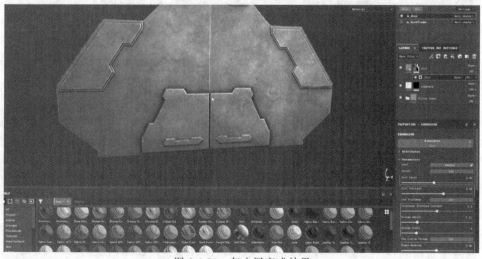

图 2.6.50　灰尘层完成效果

9. 表面细节结构的添加

观察科技大门效果图，法线大门门板上还有很多装饰细节结构，如图 2.6.51 所示。这些细节都可以在 Substance Painter 软件里运用法线和高度图通道模块制作完成。

图 2.6.51　大门上的表面细节结构

第一步，在图层面板创建一个文件夹。然后，修改文件夹名称，如图 2.6.52 所示。

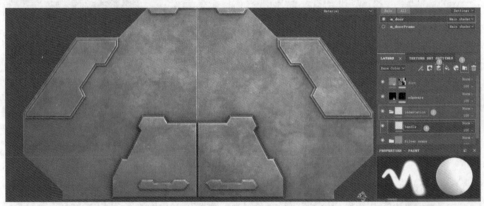

图 2.6.52　创建门板细节文件夹并命名

第二步，在文件夹里创建一个新建图层，修改名称为 handle（把手），之后在这个图层制作把手细节结构。

第三步，打开把手图层的属性面板，只保留法线通道，其他属性通道暂时关闭。

第四步，打开资源面板，在硬表面资源库找一个自己喜欢的把手，拖曳到属性面板的法线通道上，如图 2.6.53 所示。

第五步，修改笔刷属性，将笔刷硬度 hardness 值调为 1，这样把手就不会出现虚边，如图 2.6.54 所示。

第六步，打开对称，在门板的合适位置上点击一下，门板上就会出现对称的两个门把手，如图 2.6.55 所示。

第七步，再次回到硬表面资源面板，找到合适的面板法线，使用同样的方法，绘制大门上

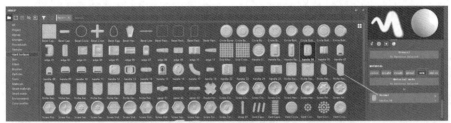

图 2.6.53　创建把手法线

图 2.6.54　修改笔刷硬度

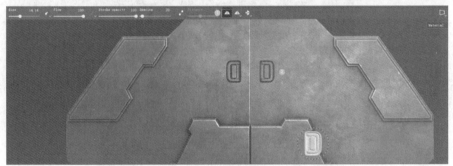

图 2.6.55　绘制把手细节

的小面板细节结构，如图 2.6.56 所示。

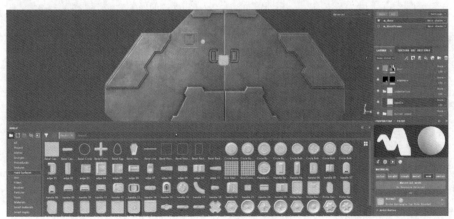

图 2.6.56　绘制面板细节

　　第八步，使用高度图通道制作其他不规则形状的面板。首先在细节文件夹里创建一个新建图层，修改名称为 pannel（面板），修改颜色通道为深灰色，高度通道数值为－0.07，其他通道关闭，如图 2.6.57 所示。

图 2.6.57　属性参数

　　然后，修改笔刷为圆头笔刷，笔刷硬度调整为 85%，在门板上画一下看看效果，门板上出现了向下凹陷的划痕，这个效果就是项目需要的效果，如图 2.6.58 所示。

　　第九步，根据概念设计图绘制自由形状的面板。首先，开启对称，在大门适当位置添加一些自由形状的面板及其他小装饰细节，如图 2.6.59 所示。

> 　　**小提示**：在旋转视图时，按住 Shift 键可以快速转到水平或者垂直的位置，方便绘制图形。在绘制图形时，按住 Shift 键可以绘制水平或者垂直线。

　　第十步，为后添加的细节结构增加磨损及灰尘效果。

　　首先，在 Indentation 组里创建一个空层，将其 height 以及 normal 通道的图层混合模式改为 Pass through（穿透），并为该图层添加一个锚点。然后，分别针对边缘磨损以及灰尘层两个材质图层，打开 micro detail（微细节）效果，并指定之前设定好的锚点，这样，后期手工绘制的大门细节结构也能展现边缘磨损和积灰的效果，如图 2.6.60 所示。

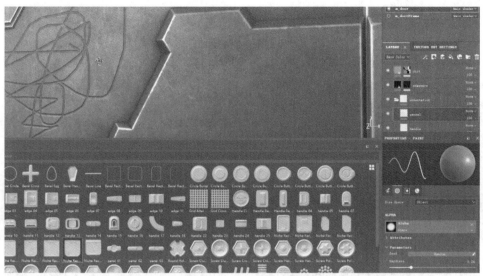

图 2.6.58 笔刷设置

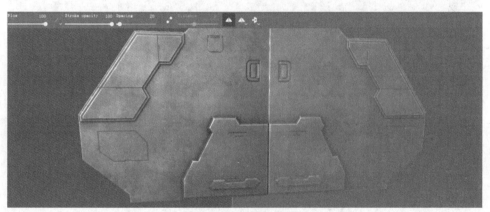

图 2.6.59 面板细节绘制

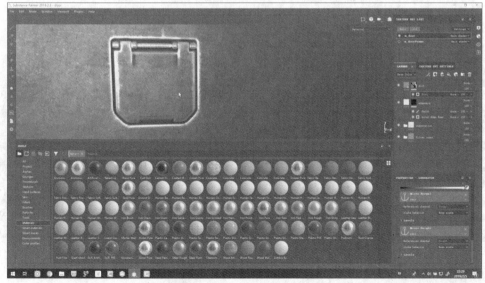

图 2.6.60 micro detail 效果

10. 文本效果绘制

首先，创建一个新的图层，命名为 Text，可以选择自己喜欢的文字类型的 Alpha 笔刷，点击一下，就会出现文字效果。

其次，在模型表面绘制出文字装饰后，利用笔刷可以对文字进行局部擦除，做出做旧的效果，如图 2.6.61 所示。

图 2.6.61　文字效果

11. 自发光效果制作

首先，创建一个新的图层，命名为 Light，即灯管图层；

其次，为灯管图层设置绘制通道为固有色 base color 和自发光 emissive，设置好颜色；

然后，使用笔刷在模型表面就可以绘制出灯光发光的效果；

最后，调整渲染效果参数，如图 2.6.62 所示。

图 2.6.62　大门灯光效果

12. 门框及地板材质的制作

首先,关闭大门门板材质显示,打开门框的材质显示按钮;然后,与大门制作一样,需要添加自发光通道,再将导入进来的法线、AO、曲率贴图分别指定到对应的通道中,如图 2.6.63 所示。

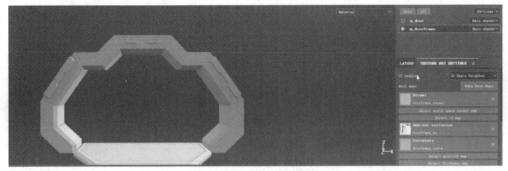

图 2.6.63　门框贴图指定

其次,可以使用与制作大门同样的方法制作门框的材质。

也可以将大门门板做好的材质,直接复制并粘贴到门框的图层中。然后,再根据效果对参数进行修改。做完的门框材质效果如图 2.6.64 所示。

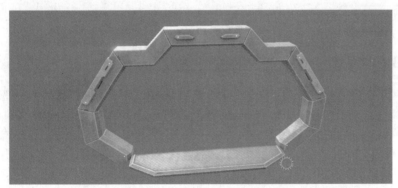

图 2.6.64　做完的门框材质效果

最后,打开大门门板的显示按钮,大门整体材质就完成了,效果如图 2.6.65 所示。

图 2.6.65　大门整体材质效果

2.7 PBR 实时渲染

知识点：
- 了解 PBR 的含义
- 掌握 PBR 的基础知识
- 大门模型的 PBR 渲染实践

2.7.1 PBR 的含义

基于物理的渲染（PBR）是指使用逼真的着色/照明模型以及测量的表面值准确表示真实世界材质的概念。

PBR 与其说是一套严格的规则，不如说是一个概念，因此，PBR 系统的确切实现往往有所不同。但是，由于每个 PBR 系统都基于相同的主要思想（尽可能准确地渲染内容），因此许多概念可以轻松地从一个项目转移到另一个项目或从一个引擎转移到另一个引擎，Marmoset Toolbag 就是一款基于 PBR 系统的实时渲染软件。

基本意义上的 PBR 是代表光和物质物理的复杂着色器的组合，以及使用合理的值进行校准以表示现实世界材质的艺术内容的组合。PBR 本质上是一个内容创建和渲染的整体系统，在实际实现中可以而且经常存在差异（通常是着色器模型或纹理输入类型），具体取决于使用的工具或引擎。

2.7.2 PBR 的基础知识

要了解 PBR 渲染，必须先了解一些物理属性的基础知识，下面分享两篇物理着色系统的基础知识教程，来看艺术家 Jeff Russell 和 Joe "Earth Quake" Wilson 发布在八猴官网有关物理属性的渲染基础知识的教程。

网址分别是 https://marmoset.co/posts/basic-theory-of-physically-based-rendering/ 和 https://marmoset.co/posts/physically-based-rendering-and-you-can-too/。

1. 扩散与反射

漫射和反射，也称为"漫射"和"镜面"光，是描述物体表面/光相互作用的最基本分离的两个术语。大多数人在实际层面上会熟悉这些概念，但可能不知道它们在物理上是如何区别的。

当光线照射到物体表面的边界时，其中一些光线会从表面反射（即反弹），并离开表面法线反射到另一侧的方向。这种行为与扔到地面或墙壁上的球非常相似——它会以相反的角度反弹。在光滑的物体表面上，将产生类似镜面的效果。"镜面反射"一词通常用于描述这种效应，如图 2.7.1 所示。

然而，并非所有光线都能从表面反射。通常，有些光线会渗透到被照物体的内部。在那里，它要么被材料吸收（通常转化为热量），要么在内部散射。其中一些散射光可能会从表面返回，然后再次被眼球和相机看到。这有很多名称："漫射光""扩散""地下散射"，都描述了这种类似的效果。

对于不同波长的光，漫射光的吸收和散射通常有很大的不同，这就是赋予物体表面颜色

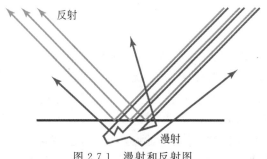

图 2.7.1 漫射和反射图

的原因(例如,如果物体吸收了大部分光但散射蓝色,它就会呈现蓝色)。散射通常是非常均匀地混合光线,可以说从各个方向看起来都是一样的,与镜子的效果非常相似。使用这种近似值的着色器实际上只需要一个输入:"反照率",这是一种描述从表面散射回来的各种颜色光的分数的颜色。"漫反射色"是一个有类似含义的概念。

2. 半透明和透明度

在一些情况下,光线的扩散更复杂。例如,在具有较宽散射距离的材料(如皮肤或蜡)中,在这些特殊情况下,简单的表面颜色通常是不行的,着色系统必须考虑被照亮物体的形状和厚度。如果它们足够薄,这些物体通常会看到光线从背面散射出来,然后可以称为半透明。如果扩散更低(例如玻璃),那么,几乎没有散射,整个图像可以完好无损地从一侧穿过物体到另一侧。这些行为与典型的"接近表面"扩散非常不同,通常需要独特的着色器来模拟它们。

3. 节能

能量守恒的概念指出,物体反射的光不能超过它接收的光。有了这些描述,现在有足够的信息得出一个重要的结论,即反射和扩散是相互排斥的。为了使光漫射,光必须首先穿透表面(即无法反射)。这在阴影术语中被称为"能量守恒"的一个例子,这意味着离开表面的光永远不会比最初落在表面上的光亮。

这种情况在着色系统中很容易实施,只需在允许漫反射阴影发生之前减去反射光。这意味着高反射性物体将很少或没有漫射光,仅是因为几乎没有光线穿透表面,大部分被反射。反之亦然,如果一个物体有很高的漫射,它就不能有特别高的反射,如图 2.7.2 所示。

增加反射率
(反照率常数)

图 2.7.2 反射和扩散

这种节能是物理遮阳的一个重要方面。它允许艺术家使用材质的反射率和反照率值,而不会意外违反物理定律。虽然在代码中强制执行这些约束并不是制作漂亮的艺术品的必要条件,但它确实扮演着一种很有用的角色,可以防止艺术品在不同的照明条件下将规则扭曲得太远或变得不一致。

4. 五金

导电材料，尤其是金属，在这一点上特别值得提及，具体有以下几个原因。

首先，它们往往比绝缘体（非导体）更具反射性。导体通常表现出高达 60%～90% 的反射率，而绝缘体通常在 0%～20% 范围。这些高反射率可防止大部分光线到达内部并散射，使金属具有非常"闪亮"的外观。

其次，导体上的反射率有时会在整个可见光谱中发生变化，这意味着它们的反射看起来是有色的。即使在导体中，这种反射的颜色也很少见，但它确实发生在一些日常材料（如金、铜和黄铜）中。绝缘体通常不会表现出这种效果，并且它们的反射是无色的。

最后，电导体通常会吸收而不是散射任何穿透表面的光。这意味着理论上导体不会显示出任何漫射光的证据。然而，在实践中，金属表面通常会有氧化物或其他残留物，会散射一些少量的光。

正是由于金属和其他一切事物之间的这种二元性，导致一些渲染系统采用"金属性"作为直接输入。在这样的系统中，艺术家指定材料作为金属的行为程度，而不是只明确指定反照率和反射率。这有时是创建材质的更简单方法的首选，但不一定是基于物理的渲染的特征。

5. 菲涅耳反射

奥古斯丁-让·菲涅耳似乎是不太可能让人忘记的，主要因为他的名字贴在一系列他第一个准确描述的现象上。如果没有他，就很难讨论光的反射。

在计算机图形学中，菲涅耳一词是指在不同角度发生的不同反射率。具体来说，以掠射度落在表面上的光比直接照射在表面上的光更容易反射。这意味着使用适当的菲涅耳效果渲染的对象在边缘附近看起来具有更亮的反射。

这就是反射/折射与视点角度之间的关系。如果站在湖边，低头看脚下的水，会发现水是透明的，反射不是特别强烈；如果看远处的湖面，会发现水并不是透明的，但反射非常强烈。这就是"菲涅耳效应"。大多数人已经了解这一概念，它在计算机图形学中的存在并不新鲜。然而，PBR 着色器在评估菲涅耳方程时进行了一些重要的修正。

首先，对于所有材料，反射率对于掠射角度来说都是完全的——任何光滑物体上的"边缘"都应该充当完美的（无色）镜子，无论是何种材质的。任何物质都可以作为完美的镜子，如果它是光滑的，并以正确的角度观看！这可能是违反直觉的，但在物理学上是没问题的。

关于菲涅耳性质的第二个观察结果是，角度之间的曲线或梯度因材料而异。金属是最不同的，但它们也可以通过分析来解释，如图 2.7.3 所示。

着色系统现在几乎可以完全自行处理菲涅耳效应；它只需要参考其他一些预先存在的材料属性，例如光泽度和反射率。PBR 工作流程让艺术家通过这样或那样的方式指定"基本反射率"。这提供了反射的光量和颜色的最小量。菲涅耳效果一旦渲染，将在艺术家指定值的基础上增加反射率，在扫视角度下达到 100%（白色）。

菲涅耳的参数通常应设置为 1（并使用金属性反射率模块锁定为值 1），因为所有类型的材料在掠射角下都会变成 100% 反射。

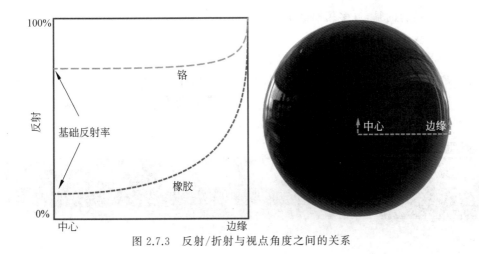

图 2.7.3 反射/折射与视点角度之间的关系

6. 微表面原理

上述对反射和扩散的描述都取决于物体表面的方向。通常,这是由被渲染表面的网格形状决定的,也可以使用法线贴图描述一些小细节。只要有这些信息,任何渲染系统都能将扩散和反射表现得很好。

但是,这样仍然会忽略一些问题。大多数现实世界的表面都有非常小的缺陷:微小的凹槽、裂缝和肿块太少,眼睛看不到,太小而无法在任何正常分辨率的法线图中表示。尽管肉眼看不见,但这些微观特征仍然会影响光的扩散和反射。

微表面细节对反射的影响最明显(次表面扩散不会受到很大影响)。在图 2.7.4 中,可以看到入射光的平行线在从较粗糙的表面反射时开始发散,因为每条光线都照射到物体表面上朝向不同的部分。用小球和墙壁类比:小球仍然会反弹,但反弹的角度变得不可预测。简言之,表面越粗糙,反射光越发散或越显得"模糊"。

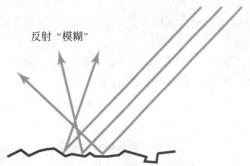

图 2.7.4 微表面细节对反射的影响

但是,评估每个微表面特征的阴影在艺术生产、内存使用和计算方面是令人望而却步的。那该怎么办呢?事实证明,如果放弃直接描述微表面细节,而是指定粗糙度的一般度量,则可以编写相当准确的着色器来产生类似的结果。此度量通常称为"光泽度""平滑度"或"粗糙度"。它可以指定为纹理或给定材料的常量。

这种微表面细节对任何材料来说都是一个非常重要的特征,因为现实世界充满了各种各样的微表面特征。光泽贴图并不是一个新概念,但它在基于物理的着色中确实起着关键作用,因为微表面细节对光反射有如此大的影响。因此,PBR 着色系统改进了与微表面特性相关的几个考虑因素。

7. 节能(再次)

由于假设的阴影系统现在考虑了微表面细节,并适当地传播反射光,因此必须注意反射正确的光量。遗憾的是，许多较旧的渲染系统都犯了这个错误，根据微表面粗糙度，反射过多或过少的光线。

当方程得到适当平衡时，渲染器应将粗糙表面显示为具有较大的反射高光，这些高光看起来比光滑表面的较小、更清晰的高光更暗。这种明显的亮度差异是关键：两种材料反射的光量相同，但较粗糙的表面将其向不同的方向扩散，而较光滑的表面反射更集中的"光束"，如图 2.7.5 所示。

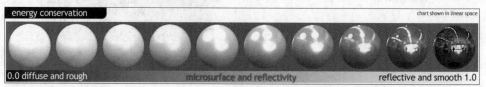

图 2.7.5　微表面与反射

这里，除前面描述的扩散/反射平衡外，还有第二种形式的能量守恒必须保持。正确做到这一点是任何渴望"基于物理"的渲染器所需的更重要的要点之一。

8. 所有冰雹微表面

通过上述知识，我们意识到，微表面光泽直接影响反射的表观亮度。这意味着，艺术家可以直接在光泽图中绘制变化——划痕、凹痕、磨损或抛光区域，PBR 系统不仅会显示反射形状的变化，还可以显示相对强度。

这一点很重要，因为两个物理上相关的现实世界量——微表面细节和反射率——现在首次在艺术内容和渲染过程中正确联系在一起。这很像前面描述的扩散/反射平衡行为：可以独立创作这两个值，但由于它们是相关的，因此尝试单独处理它们只会使任务变得更加困难。

此外，对真实世界材料的调查将表明反射率值变化不大。一个很好的例子是水和泥浆：它们两者具有非常相似的反射率，但由于泥浆非常粗糙，水坑的表面非常光滑，因此它们的反射看起来非常不同。在 PBR 系统中创建此类场景的艺术家主要是通过光泽度或粗糙度贴图，而不是调整反射率来创作差异，如图 2.7.6 所示。

图 2.7.6　水坑与泥浆的不同反射效果

微表面特性对反射也有其他微妙的影响。例如,"边缘更亮"的菲涅耳效应会随着表面的粗糙而减弱(粗糙表面的混沌性质"散射"菲涅耳效应,使观看者无法清楚地解析它)。此外,大或凹的微表面特征可以"捕获"光线,导致其多次反射到表面,增加吸收并降低亮度。不同的渲染系统以不同的方式和程度处理这些细节,但粗糙表面看起来更暗的大趋势是相同的。

9. 反照率

反照率是基色输入,通常称为漫反射贴图,如图 2.7.7 所示。

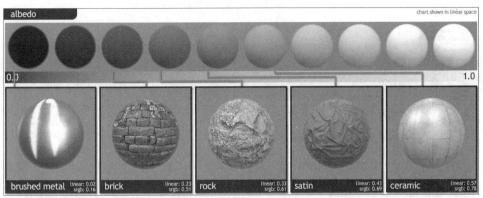

图 2.7.7 水坑与漫反射贴图

反照率贴图定义了漫射光的颜色。PBR 系统中的反照率贴图与传统漫反射贴图的最大区别之一是缺乏定向光或环境光遮蔽。在某些照明条件下,定向光看起来不正确,应在单独的 AO 插槽中添加环境光遮蔽。

反照率贴图有时也会定义比漫反射颜色更多的内容,例如,当使用金属度图时,反照率贴图定义了绝缘体(非金属)的漫反射颜色和金属表面的反射率。

10. 微表面

微表面定义了材料表面的粗糙或光滑程度,如图 2.7.8 所示。

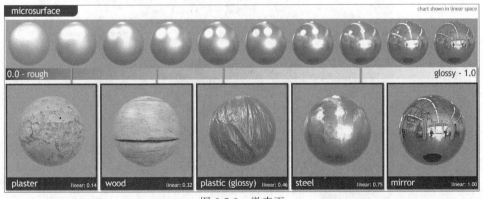

图 2.7.8 微表面

在这里可以看到能量守恒原理如何受到材料微表面的影响,较粗糙的表面将显示更宽但更暗的镜面反射,而较光滑的表面将显示更明亮但更清晰的镜面反射。

根据后续使用的引擎,纹理可能被称为粗糙度贴图,而不是光泽贴图。实际上,这两种类型没有区别，尽管粗糙度贴图可能具有倒置映射，即深色值等于光泽/光滑表面，而亮值等于粗糙/哑光表面。默认情况下，Toolbag 期望白色定义最光滑的表面，而黑色定义最粗糙的表面，如果要加载具有反转比例的光泽/粗糙度贴图，请勾选光泽模块中的反转复选框。

11. 反射率

反射率是表面反射的光的百分比。所有类型的反射率（又名基础反射率）输入，包括镜面反射、金属和 IOR，定义了正面观察时表面的反射程度，而菲涅耳定义了表面在掠射角度下的反射程度，如图 2.7.9 所示。

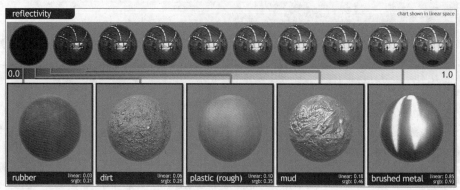

图 2.7.9　反射率

重要的是要注意绝缘材料的反射率范围有多窄。结合能量守恒的概念，很容易得出结论，表面变化通常应该在微表面图中表示，而不是在反射率图中。对于给定的材料类型，反射率往往相当恒定。绝缘体的反射颜色往往是中性/白色，而金属的反射颜色仅为中性/白色。因此，可以放弃专门用于反射率强度/颜色的贴图（通常称为镜面反射贴图），取而代之的是金属性贴图，如图 2.7.10 所示。

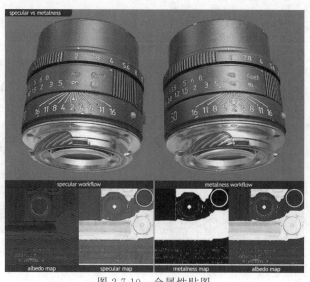

图 2.7.10　金属性贴图

使用金属性贴图时，绝缘表面（在金属性贴图中设置为 0.0（黑色）的像素）被分配一个固定的反射率值（线性：0.04s；RGB：0.22），并使用反照率图作为漫反射值。对于金属表面

（在金属性贴图中像素设置为1.0（白色），镜面反射颜色和强度取自反照率贴图，漫反射值在着色器中设置为0（黑色）。金属性贴图中的灰度值将被视为部分金属，并将从反照率中拉出反射率，并使漫反射按比例变暗（部分金属材质不常见）。

同样，金属性贴图在物理上并不比标准镜面贴图更准确或更不准确。然而，这是一个可能更容易理解的概念，金属性贴图可以打包到灰度插槽中以节省内存。使用金属性贴图而不是镜面贴图的缺点是无法控制绝缘材料的确切值。

传统的镜面反射贴图可以更好地控制镜面反射强度和颜色，并在尝试重现某些复杂材质时提供更大的灵活性。镜面反射贴图的主要缺点是通常会保存为24位文件，从而导致占用更多的内存。它还要求艺术家对物理材料属性有很好的理解，以获得正确的值。

> **小提示**：金属性贴图应使用0或1的值（某些渐变可用于过渡）。
> 涂漆金属等材料不应设置为金属，因为油漆是绝缘体，不是金属。

IOR是定义反射率的另一种方法，等效于镜面反射和金属度输入。与镜面反射输入的最大区别在于IOR值是使用差分标度定义的。IOR刻度确定光相对于真空在材料中传播的速度。IOR值为1.33（水）意味着光在真空中的传播速度比在水中的传播速度快1.33倍。

对于绝缘子，IOR值不需要颜色信息，可以直接输入到索引字段中，而消光字段应设置为0。对于具有颜色反射的金属，需要为红色、绿色和蓝色通道输入一个值。这可以通过图像映射输入（其中映射的每个通道都包含正确的值）来完成。还需要为金属设置消光值，通常可以在包含IOR值的库中找到。

通常不建议使用IOR，而不是镜面反射或金属度输入，因为它通常不会在游戏中使用，并且在具有多种材质类型的纹理中获得正确的值很困难。工具箱中支持的IOR输入更多是为了达到科学目的，而不是实用目的。

12. 环境光遮蔽

环境光遮蔽（AO）表示大比例遮挡光，通常从3D模型烘焙而成，如图2.7.11所示。

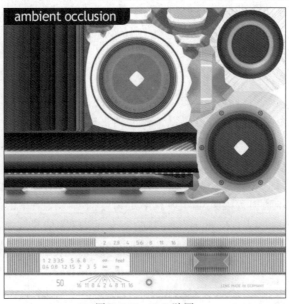

图2.7.11 AO贴图

将 AO 添加为单独的贴图,而不是将其烘焙到反照率和高光贴图中,使着色器能以更智能的方式使用它。例如,AO 功能仅遮挡环境漫射光(Toolbag 中基于图像的照明系统的漫射组件),而不遮挡来自动态光源或任何类型的镜面反射的漫射光。

AO 通常不应乘以镜面反射或光泽贴图。过去,将 AO 乘以镜面贴图可能是一种常见的技术,以减少不适当的反射(例如,天空反射在被遮挡的物体上),但是现在局部屏幕空间反射在表现物体间反射方面做得更好。

13. 曲率贴图

曲率贴图表示小比例遮挡光,通常从 3D 模型或法线贴图烘焙而成,如图 2.7.12 所示。

图 2.7.12　曲率贴图

曲率贴图应仅包含曲面的凹陷区域(凹坑),而不应包含凸区域,因为型腔贴图会相乘。内容应以白色为主,并带有较暗的部分,以表示光线将被捕获的表面凹陷区域。曲率贴图会影响环境光源和动态光源的漫反射和镜面反射。

14. 查找材料值

使用 PBR 系统时,最困难的挑战之一是找到准确且一致的值。互联网上的测量值有多种来源,但是,找到一个具有足够信息可以依赖的图书馆可能很难。

Quixel 的 Megascans 在这里非常有用,因为它们提供了一个从真实世界数据扫描的校准平铺纹理的大型库,如图 2.7.13 所示。

大多数库中的材料值往往是在实验室条件下从原材料测量的,这在现实生活中很少见。材料纯度、年龄、氧化和磨损等因素可能导致给定物体的实际反射率值发生变化。

虽然 Quixel 的扫描是从真实世界的材料中测量的,但即使是在相同的材料类型中,也经常存在差异,具体取决于上述各种条件,尤其是在光泽度/粗糙度方面。图 2.7.13 中的值应更多地被视为起点,而不是刚性/绝对参考。

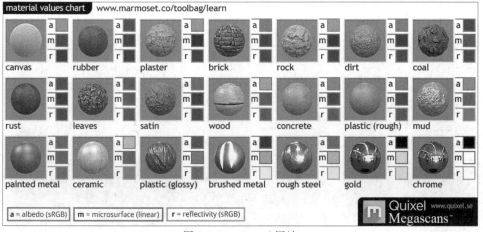

图 2.7.13　Quixel 网站

2.7.3　大门模型的渲染实践

1. SP 贴图的导出及参数设置

- 指定输出路径,新建文件夹;
- 选择图片格式为 TGA/JPG/PNG,以保证最高的贴图质量;
- 选择默认的 document 预制模式;
- 选择 4K/2K 的输出尺寸;
- 确认导出,即可导出贴图。

贴图导出参数设置如图 2.7.14 所示。

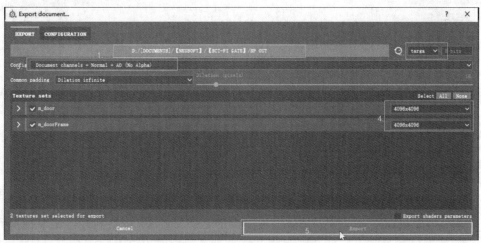

图 2.7.14　贴图导出参数设置

2. Marmoset 环境设置

打开八猴渲染器,对渲染环境进行设置。

首先对天空环境进行设置,选择合适的 HDR 环境贴图,环境对模型的展示起到非常重要的作用,一般工业类产品渲染可以选择室内的环境贴图,如图 2.7.15 所示。场景的背景建议设置为深灰纯色，以排除多余的环境干扰，突出模型主体。

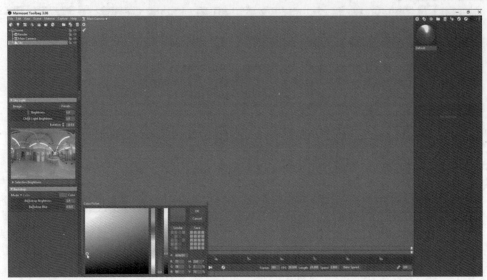

图 2.7.15　天空环境设置

3. 大门模型及贴图的导入

通过"文件"菜单导入模型，选择之前导入 SP 里的大门低模，打开，如图 2.7.16 所示。

图 2.7.16　大门低模导入

模型导入成功后，打开前面在 SP 渲染输出的贴图文件夹，将绘制好的贴图指定到八猴中。

第一步，将基础色贴图指定到固有色通道，注意旁边的颜色框要调成白色，如图 2.7.17 所示。

第二步，添加自发光通道，将自发光贴图指定到该通道，根据效果调整发光强度，如图 2.7.18 所示。

第三步，将反射通道右边模式改为金属性，将金属性贴图指定到该通道，如图 2.7.19

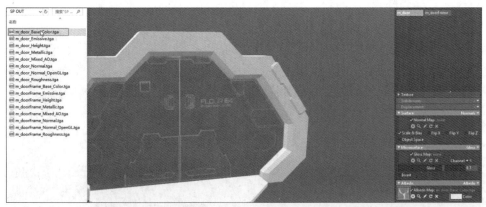

图 2.7.17　基础色贴图指定

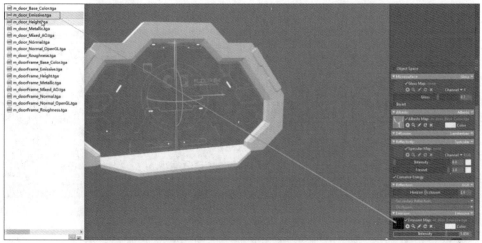

图 2.7.18　自发光贴图指定

所示。

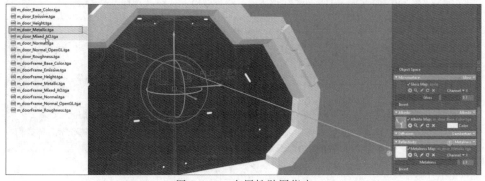

图 2.7.19　金属性贴图指定

第四步，添加 AO 通道，将 AO 贴图指定到该通道，如图 2.7.20 所示。

第五步，将法线贴图（openGL）指定到法线通道，如图 2.7.21 所示。

第六步，将粗糙度贴图指定到微表面通道，如图 2.7.22 所示。

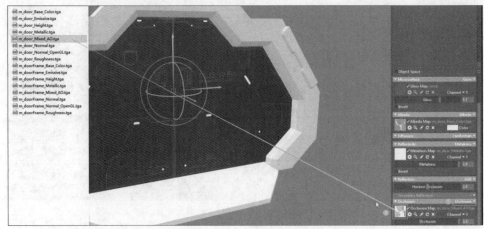

图 2.7.20　AO 贴图指定

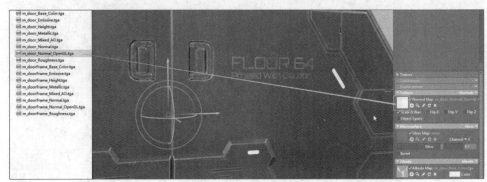

图 2.7.21　法线贴图指定

> **注意**：要勾选下方的反转选项，因为粗糙度与光泽度属性是相反的。

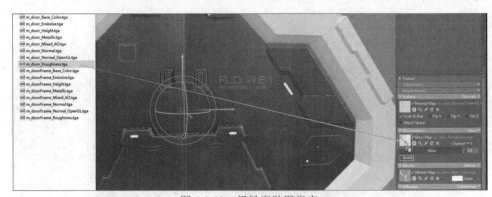

图 2.7.22　粗糙度贴图指定

最后，使用同样的方式，将门框的贴图都指定好，大门整体贴图效果如图 2.7.23 所示。

4. 设置灯光和阴影

首先，在场景菜单下添加一个阴影地面物体，如图 2.7.24 所示。

其次，添加灯光。打开天空环境，点击 HDR 图片，就会生成一个光源，可以实时产生阴

图 2.7.23　大门整体贴图效果

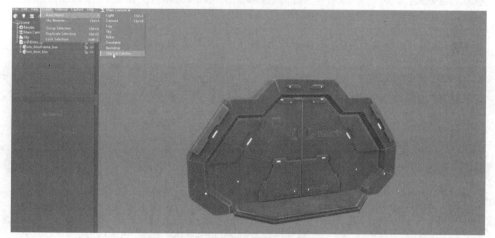

图 2.7.24　添加阴影地面物体

影，根据模型的阴影效果，调整灯光的位置，如图 2.7.25 所示。

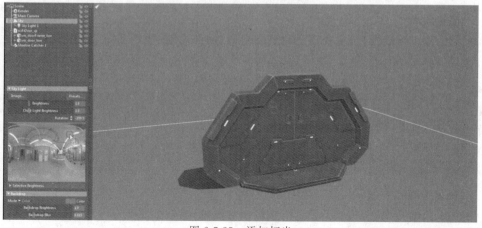

图 2.7.25　添加灯光

现在阴影边缘太实，需要调虚一些。点击刚添加的 sky1 灯光，调整下方的形状属性的宽度值，如图 2.7.26 所示。

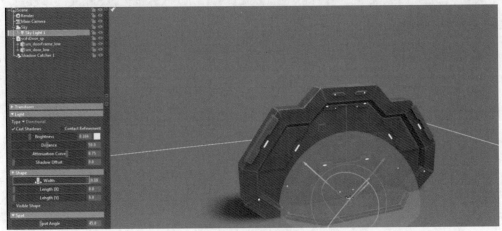

图 2.7.26　虚化阴影

阴影的浓或淡，需要在阴影物体平面属性下的透明度中调整，如图 2.7.27 所示。

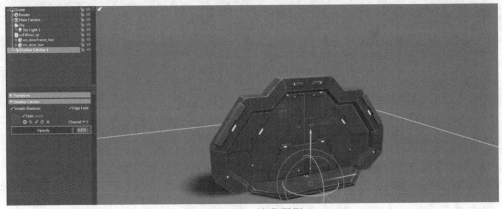

图 2.7.27　淡化阴影

5. 渲染设置

大门的渲染参数设置，主要需要调整抗锯齿、局部反射、阴影质量、AO 细节及实时 AO 效果，如图 2.7.28 所示。

（1）调整大抗锯齿的值为 4X。

（2）打开局部反射效果，地面会产生反射。

（3）阴影质量调整为最高质量。

（4）AO 细节参数调整为 4X。

（5）根据效果调整实时 AO 参数。

6. 摄像机参数设置

设置大门的摄像机，首先要设置渲染输出的质量，参数如图 2.7.29 所示。

然后，继续调整摄像机设置，如图 2.7.30 所示。

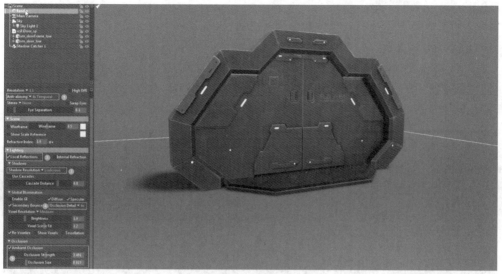

图 2.7.28 渲染设置

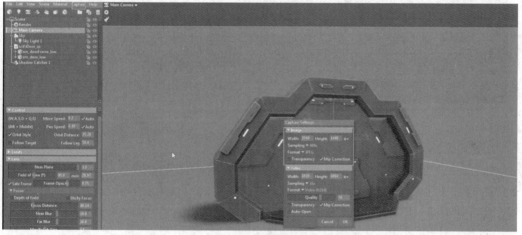

图 2.7.29 渲染输出质量设置

图 2.7.30 摄像机参数设置

（1）打开渲染安全框。

（2）调整渲染视角，FOV 值设置为 35 较接近人眼效果。

（3）调整景深效果。

（4）添加眩光效果。

（5）在相机中设置后期处理效果，包括色调映射和曲率图等处理选项，增强画面表现力，参数设置如图 2.7.31 所示。

图 2.7.31　摄像机后期设置

7. 渲染出图

将"分辨率"设置为首选设置和输出目标。一个巧妙的技巧是以预期的最终分辨率的 4 倍渲染，并在图像程序中重新缩放它。完成一些测试渲染后，更改示例，因为添加更多示例会增加渲染时间。如果发现从 256 到 1024 的质量没有区别，则只需将其保持在 256。

点击渲染图像以获得保存的渲染图像，如图 2.7.32 所示。

图 2.7.32　大门渲染效果

本章小结

本章主要讲解了科技感大门模型制作的完整工作流程及项目制作实践,主要有相关主题素材的收集、制作软件的介绍、次世代游戏美术制作的技术流程、高低建模、UV 拆分、贴图烘焙、PBR 贴图绘制,以及实时效果渲染的全流程及相关技术的基础知识讲解。

课后习题

1. 次世代游戏常用的建模软件有哪些?
2. 次世代游戏建模的一般工作流程是什么?
3. PBR 材质的特点是什么?

第 3 章

战斧武器模型的制作

本章学习目标、

- 了解 ZBrush 软件的基础知识
- 掌握 ZBrush 软件的高模建模技术
- 掌握 ZBrush 软件的低模拓扑技术
- 掌握 ZBrush 软件的 UV 拆分技术
- 掌握高低模的法线贴图烘焙技术
- 掌握 ZBrush 软件的贴图绘制技术

本章将带读者学习次世代建模的另一个重要软件——ZBrush 数字雕刻及其工作流程。本章将以战斧模型的数字雕刻制作为例,以问题为导向,通过项目实践,由浅入深地学习全流程使用 ZBrush 制作游戏武器模型的基本方法和技巧。

3.1 ZBrush 软件基础

知识点:
- ZBrush 软件安装
- ZBrush 软件界面
- ZBrush 软件基本操作

3.1.1 ZBrush 软件安装

ZBrush 是一个数字雕刻和绘画软件,它以强大的功能和直观的工作流程彻底改变了整个三维行业。ZBrush 为当代数字艺术家提供了世界上最先进的工具,以实用的思路开发出的功能组合,在激发艺术家创作力的同时,重视用户感受,用户在操作时会非常顺畅。ZBrush 能够无卡顿地雕刻高达 10 亿个多边形的模型,艺术家创作时可以只关注想象力。ZBrush 的经典作品如图 3.1.1 所示。

ZBrush 自发行以来凭借其强大的功能,已经成为 2D 或 3D 数字建模世界革新速度最快的领跑者。下面介绍如何安装并激活 ZBrush 2020。

首先,从官网下载 ZBrush 2020 试用版,网址为 https://zbrush.mairuan.com/xiazai.

图 3.1.1　ZBrush 的经典作品

html，如图 3.1.2 所示。

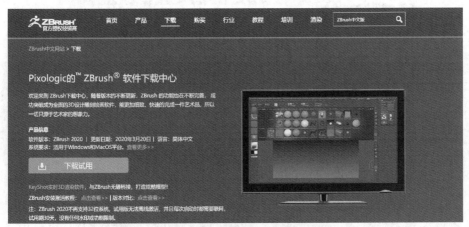

图 3.1.2　收集各种科技大门素材

安装步骤如下：

第一步，双击 ZBrush 2020 安装程序，选择安装语言，点击"确定"按钮。这里要注意的是：下载安装程序后，请确保使用管理员级别的账户登录到计算机。另外，还建议暂时禁用正在运行的任何杀毒软件，如图 3.1.3 所示。

第二步，进入 ZBrush 安装向导，点击"前进"按钮，如图 3.1.4 所示。

第三步，仔细阅读最终用户许可协议，若接受，则选择"我接受此协议"，之后点击"前进"按钮，如图 3.1.5 所示。

第四步，选择安装目录，默认 C 盘，如果需要更改，请重新选择路径，如图 3.1.6 所示。

图 3.1.3　选择语言

第五步，选择安装组件，如图 3.1.7 所示。注意：此处建议保留默认设置。

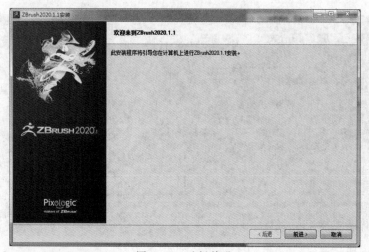

图 3.1.4　选择前进

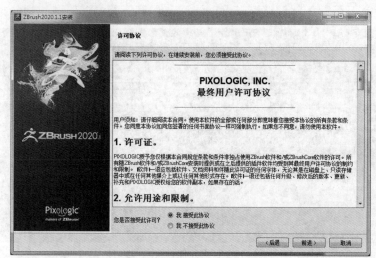

图 3.1.5　最终用户许可协议

图 3.1.6　选择安装目录

图 3.1.7 选择安装组件

第六步,ZBrush 安装准备就绪,点击"下一页"按钮开始正式安装,如图 3.1.8 所示。

图 3.1.8 ZBrush 安装准备就绪

第七步,安装过程需要几分钟,请耐心等待,如图 3.1.9 所示。

第八步,点击"完成"按钮,软件安装完成,如图 3.1.10 所示。

3.1.2 ZBrush 软件界面

ZBrush 软件是世界上第一个让艺术家感到无约束自由创作的 3D 设计工具。它的出现完全颠覆了过去传统三维设计工具的工作模式,解放了艺术家的双手和思维,告别了过去那种依靠鼠标和参数笨拙创作的模式,完全尊重设计师的创作灵感和传统工作习惯。

下面介绍 ZBrush 软件界面(见图 3.1.11)及其功能。

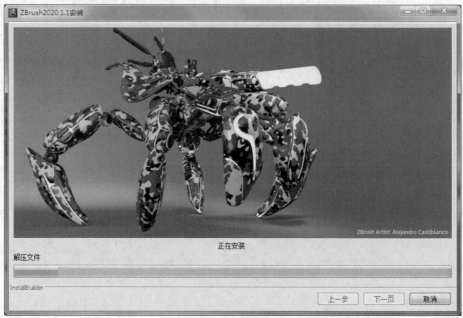

图 3.1.9　正在安装

图 3.1.10　安装完成

1. 灯箱

LightBox(灯箱)是 ZBrush 软件中内置的一个浏览器,其功能是浏览或载入所需模型或图片。LightBox 中有各种不同的菜单按钮,这些菜单按钮中包含雕刻时所需的各种模型、图片等各种资源。

2. 菜单栏

ZBrush 的菜单栏是按照英文字母顺序排列的,菜单栏包含了 ZBrush 所有的命令。点击任何一个菜单栏即可展开该菜单,光标指到一个菜单名称上时,将自动弹出整个下拉菜

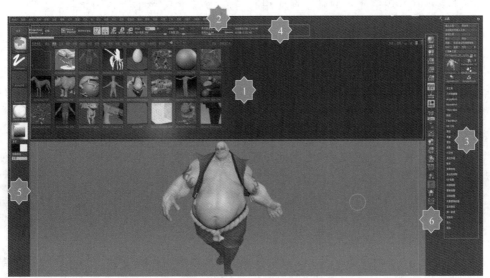

图 3.1.11　ZBrush 软件界面

单,不需要再次点击,这样便于用户快捷地选择当前菜单中所需要的命令及控制选项。

3. 工具菜单栏

在 ZBrush 中,很多菜单是不需要很了解的,这些菜单中有很多功能在顶部、左侧和右侧工具栏中都存在快捷方式。而 Tool[工具]菜单是在工具栏中没有快捷方式的一个菜单,也是一个复杂的菜单栏,需要深入了解。

4. 工具架

ZBrush 的顶部工具架中放置了比较常用的命令和控制选项,包含画笔设置和 ZTool 操作的主要快捷方式:编辑模式,"移动""缩放"和"旋转"功能,"ZAdd"或"ZSub"模式,画笔的大小和硬度("笔刷大小"和"焦点"),Z 强度等,操作时能提高工作效率。

5. 左导航

ZBrush 的左侧工具栏主要有笔刷、Alpha 和材质球。ZBrush 的特点之一是它的雕刻笔刷种类非常多。Alpha 就是透明通道的意思。材质球可以随便变换模型的颜色与材质。

Brush[笔刷]:点击该按钮,可以打开 3D 雕刻笔刷列表。只有模型处于编辑状态时,该按钮才可以使用。

Strokes[笔触]:可以设置光标在 ZBrush 中不同的操作效果。

Alpha[Alpha 通道]:Alpha 是 16 位的灰度图像,在 ZBrush 中起到比较重要的作用。一般在完成模型的大体结构后,一些细节可以使用 Alpha 工具完成。

Texture[纹理]:ZBrush 提供了大量纹理贴图,也可以为模型导入外部的贴图。

Material[材质]:为模型制定不同的材质,可以表现出不同的效果;也支持从外部导入的材质。

取色器:在取色器外侧可以选择色调,在内部可以选择饱和度。按住键盘中的 C 键,可以从 ZBrush 画布与界面拾取颜色信息。

Gradient[渐变]:按下该按钮,可以在主颜色与次颜色之间创建一个渐变色。

次/主颜色：主颜色显示的是正在使用的颜色，次颜色显示的是备用颜色。

SwitchColor[颜色切换]：通过该按钮可以切换主颜色与次颜色。

6. 右导航

ZBrush 的右侧工具栏主要有视图导航和编辑模式等辅助功能的选项按钮。视图导航按钮是用于控制视图在文本视图区中的大小及位置的。

Scroll[平移]：在该按钮上按住鼠标左键并移动，可以对整个文档的画布进行移动操作，移动方向与鼠标拖曳方向相同。

Zoom[缩放]：在该按钮上按住鼠标左键并移动，可以对整个文档的画布进行放大或缩小操作。

Actual[实际]：点击该按钮，文档的画布将还原至原始大小。

AAHalf[应用抗锯齿并减半]：点击该按钮，对视图应用抗锯齿操作，同时文本的画布长宽尺寸将变为原尺寸的一半。

Persp[透视]：点击该按钮，可以切换视图有、无透视。快捷键为 P。当此按钮呈橙色时，说明是透视图模式。在雕刻时，一般将这个按钮关闭。

Floor[地面]：点击该按钮，可以开/关视图中的网格地面。当此按钮呈橙色时，说明地面是打开状态。

Local[局部]：点击该按钮后，当模型在视图中旋转时，将以模型上最后编辑的点的位置为中心进行旋转操作。当此按钮呈橙色时，说明是开启状态。在雕刻时需要打开此模式。

Frame[适合]：当模型在视图文档内被缩放的比例过大或过小时，点击该按钮可以使模型适配到当前视图区。快捷键为 F。

Move[移动]：在图标上按住鼠标左键并拖曳，可以使模型在视图中移动。快捷方式为：按住 Alt 键，在视图中空白处按住鼠标左键并拖曳。

Scale[缩放]：在图标上按住鼠标左键并拖曳，可以使模型在视图中按比例缩放。快捷方式为：按住 Alt 键，在视图的空白处按住鼠标左键，然后松开 Alt 键，上下、左右拖曳鼠标。

Rotate[旋转]：在图标上按住鼠标左键并拖曳，可以使模型在视图中旋转。快捷方式为：在视图中空白处按住鼠标左键并拖曳。

PolyF[显示线框]：通过此按钮可以控制模型的线框和组的显示，这对于我们了解模型的结构非常重要。快捷键为 Shift＋F。

Transp[透明]：当文档中存在多个模型时，点击此按钮可以打开透明模式，将遮住的部分显示出来。

Ghost[鬼影]：当透明模式打开时，该按钮也会开启，这样可以更加方便地观察透明模型部分。

孤立显示：可以单独显示当前选中的模型部分。

3.1.3　ZBrush 软件基本操作

1. 保存和加载项目文件

ZBrush 3D 雕塑软件的项目文件是以 ZPR 为后缀名的文件，它不但保存了制作的 3D 模型的信息，还保存了模型的材质和渲染设置、摄像机角度、动画、贴图、背景颜色等信息，因此 ZPR 项目文件体积比较大。

1) 保存项目文件

对 3D 模型进行编辑,添加材质后,需要把模型保存为项目文件。在"文件"下拉菜单中点击"另存为",选择保存的目录以及更改文件名称,点击"确定"按钮保存项目文件。对 3D 模型添加材质后,点击"文件"下拉菜单中的"另存为",把模型保存为 ZPR 格式的项目文件,如图 3.1.12 所示。

图 3.1.12 保存项目文件

2) 加载项目文件

当打开 ZBrush 数码雕塑软件后,"灯箱"窗口的菜单上有一个"项目"菜单。点击这个菜单可以看到里面有一些文件夹和项目文件的缩略图,每个文件夹和缩略图下都有具体的名称。点击文件夹或者缩略图,在"灯箱"窗口的底部可以看到文件所处的具体路径。

双击项目文件的缩略图,该项目文件的模型就加载到画布场景中。此时,场景中的 3D 模型与当初保存的状态一模一样,包括其材质、视角等,如图 3.1.13 所示。

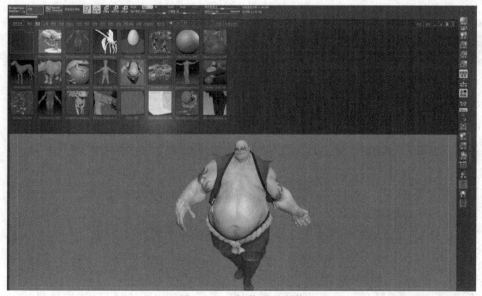

图 3.1.13 加载项目文件

3）打开项目文件

方法一：点击"灯箱"窗口的"打开文件"菜单，打开在文件浏览器中的项目文件，该项目文件中的模型就被加载到场景中了，如图 3.1.14 所示。

图 3.1.14　打开项目文件 1

方法二：从"文件"下拉菜单中打开项目文件。

除了通过"灯箱"加载项目文件外，还可以在菜单栏的"文件"下拉菜单中点击"打开"，把文件浏览器中的项目文件加载到场景中，如图 3.1.15 所示。

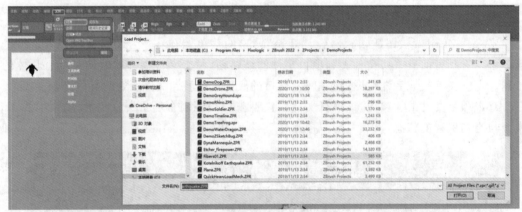

图 3.1.15　打开项目文件 2

2. 视图的移动、旋转和缩放

在 ZBrush 3D 雕塑软件加载 3D 模型后，需要从不同角度观察、编辑模型，这样就需要对摄像机进行移动和旋转。这样的操作体现在画布窗口上，就是对 3D 模型进行移动、旋转和缩放。

要对 3D 模型进行空间操作，首先需要了解 ZBrush 的三维坐标系统。

1）ZBrush 的三维坐标系统

ZBrush 的三维坐标系统的作用是确定模型的移动和旋转方向。

在"灯箱"的项目中双击项目文件 dog.zpr，把狗的模型加载到画布中。此时，在场景中可以看到绿、红、蓝三条线构成的坐标系统。点击上边工具栏中的"移动轴"按钮，并点击"3D 通用变形操作器"按钮，关闭 3D 变形操作器，场景上会出现一个 3D 变换杆 Transpose，如图 3.1.16 所示。

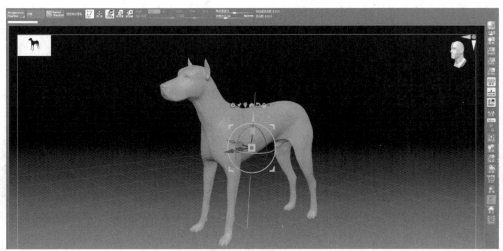

图 3.1.16　3D 变换杆 Transpose

变换杆上的绿线标注为 Y 轴,红线标注为 X 轴,蓝线标注为 Z 轴,与场景中的绿、红、蓝三线对应,也意味着场景的三维坐标系统为:绿线为 Y 轴,红线为 X 轴,蓝线为 Z 轴。

2)ZBrush 的三维网格面

ZBrush 的三维网格面的作用是确定模型的空间位置。

在场景中看到模型下面有一张绿色的网格,代表着地面,可以通过右侧工具栏的"地网格"按钮控制打开或者关闭。这张绿色的网格与 Y 轴垂直,是 ZBrush 三维空间的 Y 平面。一般模型都在 Y 平面的上面。

"地网格"按钮上有 X、Y、Z 三个字母。点击 X,场景中出现红色网格,与 X 轴垂直,为 X 网格平面。点击 Z,场景中出现蓝色网格,与 Z 轴垂直,为 Z 网格平面,如图 3.1.17 所示。

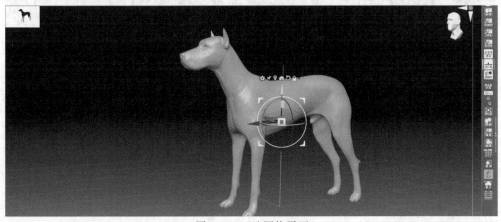

图 3.1.17　地网格平面

3)移动

把光标放置在"移动"按钮上,按住鼠标左键并移动光标,可以使模型移动到画布任意地方。更常用的是使用快捷键配合鼠标的方式,同时按住 Alt＋鼠标左键不放并移动,同样使模型在场景中移动。

4）缩放

把光标放在"缩放"按钮上，按住鼠标左键并上、下、左、右移动，可以使模型放大和缩小。同样，同时按住 Ctrl＋鼠标右键不放并移动，也可以放大和缩小模型。

5）旋转

把光标放置在"旋转"按钮上，按住鼠标左键并移动光标，可以使模型旋转。更常用的是使用快捷键配合鼠标的方式，同时按住鼠标左键不放并移动鼠标，同样可使模型在场景中旋转。

3. 3D 通用变形操作器

ZBrush 3D 雕塑软件的空间操作是可以移动、缩放和旋转模型的，但这种操作实质并没有改变模型的空间位置、大小，更没有旋转过模型，只是调整了摄像机的角度和距离，模型依然如载入时一样，处于世界坐标轴的中心位置，没有发生任何变化。

要使 ZBrush 3D 模型空间位置发生变化，真正地变大或者变小等，则需要使用通用 3D 变形操作器（Gizmo 3D 操纵器）对其进行操作。

默认状态下，点击场景窗口上工具栏中的"移动""缩放"或者"旋转"按钮，场景中的模型上会出现一个默认的 Gizmo 3D 操纵器，表示模型进入了 3D 变形操作状态。Gizmo 操纵器由一行菜单和一个开放的方框包住的 3D 变形器构成。

点击菜单上的"通用 3D 变形操作器"按钮，或者"Y"快捷键，会使通用 3D 变形操作器（Gizmo）变为 3D 变形杆（Transpose），现在 3D 变形杆的作用是测量模型的尺寸，如图 3.1.18 所示。

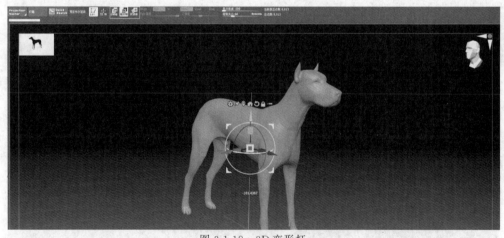

图 3.1.18   3D 变形杆

4. 工具文件如何保存和导入

ZBrush 3D 雕塑软件的工具文件是以 ZTL 为后缀名的文件，它只保存了制作的 3D 模型本身以及构成模型的配件的数据，因此工具文件体积比较小。

1）保存工具文件

在 ZBrush 3D 绘图软件中雕塑一个 3D 模型时，需要保存这个 3D 模型，这时可以将模型保存为 ZPR 项目文件。但是，如果只是雕塑模型的过程，没有对模型添加材质，也不需要保存雕塑时的状态数据,如视角、背景颜色等,就可以把模型保存为工具文件。

编辑好模型后,直接在工具面板中点击"另存为",在文件浏览器中选择要保存的文件夹和工具文件名称保存即可,如图 3.1.19 所示。

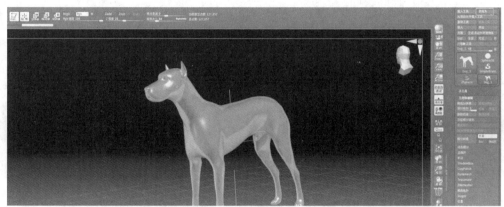

图 3.1.19 保存工具文件

2) 导入工具文件

工具文件可以在工具菜单中导入,也可以在灯箱中导入。场景中第一个工具文件的模型导入,不会直接加载在画布中。它首先显示在工具面板的模型列表中,需要在画布上拖曳光标,才能把模型加载到画布上。

• 灯箱导入工具文件

在灯箱中导入工具文件的方法和加载项目文件的方法一样,双击工具文件,可以把工具文件中的模型添加到场景中。

灯箱中的"工具"文件夹中保存的是软件自带的工具文件。在"最近"文件夹中可以找到自己编辑过的工具文件。当然,点击"打开文件",可以在自己的目录下导入所需工具文件。

从灯箱中可以导入多个工具文件,每个工具文件里的模型都会在工具菜单的模型列表中以缩略图的形式显示出来。点击一个模型缩略图,就会在画布上加载这个模型,如图 3.1.20 所示。

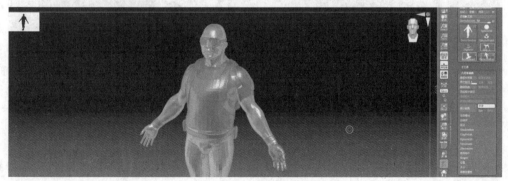

图 3.1.20 切换工具文件

• 工具菜单导入工具文件

直接点击工具菜单中的"载入工具",可以从文件浏览器中导入自己的工具文件。同样,工具文件的模型以缩略图的方式显现在工具菜单的模型列表中，通过在画布上拖曳或者点击缩略图，可以在画布上加载模型。同样，在工具菜单中通过"载入文件"可以载入多个模型，如图 3.1.21 所示。

图 3.1.21　工具栏加载文件

在 ZBrush 中选择把模型保存为项目文件还是工具文件是设计者的自由，但由于工具文件保存的数据较少，文件体积相对来说也较小，所以加载的速度比较快。如果是建模，建议保存为工具文件。如果需要导入多个模型，要注意从工具菜单中导入的模型的覆盖问题。

5. 历史记录栏以及画布区域

1）历史记录栏

在画布中创建一个对象后，工具栏和画布之间的位置就出现了历史记录栏。当对对象进行雕塑，ZBrush 软件会记录每个更改的状态，在历史记录栏上显现为一段一段的线段，每一段线段就是一个修改前的状态，如图 3.1.22 所示。

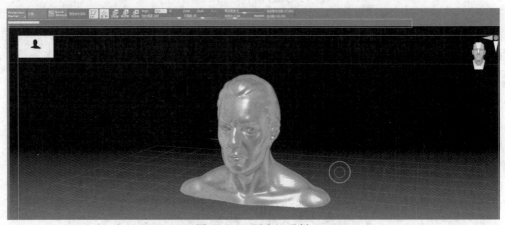

图 3.1.22　历史记录栏

可以在键盘上使用快捷键 Ctrl＋Z 返回到对象的上一个状态，也可以点击线段返回到该线段对应对象的状态。

2）画布区域

画布区域是添加 3D 对象并对对象进行雕塑设计的地方。画布背景是从黑色到灰色的渐变。没有加载 3D 对象时，画布的左上角有一个白色的方块，这是画布的缩略图。鼠标按住缩略图的左下角,可以调整缩略图的大小,如图 3.1.23 所示。

图 3.1.23　调整缩略图的大小

在画布上加载对象后,缩略图上会显示对象的黑色剪影。如果在"首选项"→"缩略图"中取消"剪影"选项,缩略图上就会显示与画布上对象一样的缩小的图像。如果在"缩略图"选项下取消选择"缩略图",就关闭了画布上的缩略图。

在画布中添加对象后,画布的右上角有一个人的头像和红、绿两个箭头,以及蓝色圆形色块。它是调整模型的正交视图,其作用是以上、下,左、右,前、后视角观察对象,如图 3.1.24 所示。

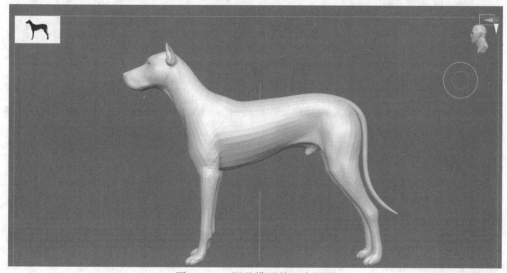

图 3.1.24　调整模型的正交视图

点击蓝色圆形色块,头像显示的是脸部正面,观察的是对象的前面;若头像显示的是后脑勺,则观察的是对象的背面。

点击红色箭头,头像显示左侧脸,观察的是对象的左侧;若头像显示右侧脸,则观察的是对象的右侧。

点击绿色箭头，头像显示头顶，观察的是对象的顶部；若头像显示身体的底部，则观察的是对象的底部。

> **小提示**：只要不是通过变形工具旋转移动了对象，无论对象怎么移动和旋转，只要点击右上角的红色、绿色箭头或者蓝色色块，对象都会回到原来的三维视角状态。

6. 常用笔刷介绍

ZBrush 中笔刷是非常重要的，ZBrush 的大部分功能都是需要笔刷配合完成的，可以说学会运用笔刷就相当于学会了这个软件的一半。

要使用笔刷雕刻，先要打开编辑模式，左边工具栏中第一个图标就是标准笔刷，点击标准笔刷图标可以弹出笔刷面板。ZBrush 提供了丰富的笔刷，如果不能满足个性化需求，还可以导入其他的笔刷资源，如图 3.1.25 所示。

图 3.1.25　笔刷面板

> **小提示**：ZBrush 笔刷很多，可以将笔刷编辑成快捷键，Ctrl＋Alt＋点击笔刷，然后选择想要设置的快捷键即可。

1）Standard 标准笔刷

Standard 标准笔刷是 ZBrush 默认的标准笔刷，用处比较多。学习 ZBrush，最好配备一块 WACOM 手绘板，用鼠标是很难控制压力和轻重的，可以提前准备一块手绘板，根据自己的经济实力选择任何一款都行。

默认设置下，直接用笔在模型上画就可以画出往外凸的造型；按住 Alt 键（反向笔刷），用手写笔画就可以画出凹下去的造型；按住 Shift 键可以平滑，这三个操作就是最基本的笔刷操作。

2）通用笔刷设置

常用的笔刷操作在顶部工具架上，通过设置这些参数，控制笔刷绘制效果，如图 3.1.26 所示。

图 3.1.26　顶部笔刷工具

- Zadd——Z 加模式,是默认设置,可以绘制出向外突出的造型;
- Zsub——Z 减模式,与 Z 加相反,可以绘制出向内凹陷的造型;
- Z 强度——用来控制笔刷的力度;
- 绘制大小——笔刷的大小,也可以用 S 键或[ ]键控制笔刷大小;
- 焦点衰减——用来控制笔刷的内圈大小。

ZBrush 的笔刷有一个内圈和一个外圈,内圈和外圈之间是衰减区,是为了控制笔刷的软硬。

另外,也可以通过按住空格键打开快捷菜单,有相同的选项和一些常用的功能在里面,便于我们能快速调节参数。

3)8 种常用笔刷介绍

- 黏土类型笔刷:Clay、Claybuildup、Claytubes 笔刷,黏土画笔的主要作用类似真实泥塑的黏土造型,就是快速实现大型雕刻的塑造,如图 3.1.27 所示。

图 3.1.27　黏土类型笔刷

Claybuildup 和 Claytubes 是最常用的快速雕刻画笔,塑造大型雕刻比较快,Clay 笔刷相对于前面两种笔刷偏软一些,如图 3.1.28 所示。

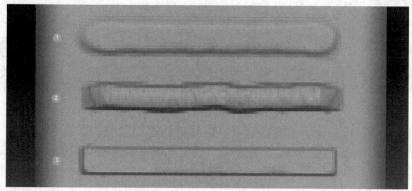

图 3.1.28　黏土画笔不同效果

- Move 移动造型笔刷:可以轻松以拖曳的方式调节物体的形状,如图 3.1.29 所示。

图 3.1.29　Move 移动造型笔刷

　　Move 移动造型笔刷也有三种，常用的有 Move 和 Move Topologic。Move 可以移动画笔范围所有部分，而 Move Topologic 可以按多边形结构移动，可以更加精准地移动。

- TrimDynamic 抹平笔刷：用于硬表面的抹平雕刻（见图 3.1.30（a））。TrimDynamic 可以轻松地画平整，比较适合雕刻硬表面物体。如图 3.1.30（b）所示，左边是使用 TrimDynamic 抹平后的效果，右边是原始效果。

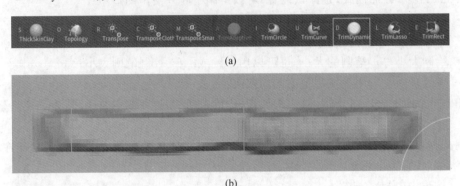

(a)

(b)

图 3.1.30　TrimDynamic 抹平笔刷

- 抛光类型笔刷：Flatten、hPolish 常用于硬表面切角造型。Flatten 可以对边角进行更平整的抛光；hPolish 抛光的效果要软一些，和 TrimDynamic 稍有不同，但它们都用于硬表面雕刻，如图 3.1.31 所示。

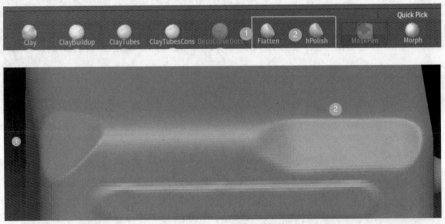

图 3.1.31　抛光类型笔刷

- Inflat 膨胀笔刷：Inflat 膨胀笔刷可以让物体表面产生膨胀效果，常用于移动造型后，由于拉伸局部过于瘦小，膨胀后一般要使用动态网格布线修复一下布线拉伸问题，如图 3.1.32 所示。
- Pinch 收缩笔刷：Pinch 收缩笔刷与 Inflat 膨胀笔刷相反，可以产生收缩效果，可用来收缩边缘形成比较明显的结构造型，如图 3.1.33 所示。
- DamStandard 小刻刀笔刷：DamStandard 小刻刀笔刷可以雕刻前期，在模型物体的表面刻画参考线，以及在深入雕刻时，塑造模型后期的小细节，DamStandard 小刻刀笔刷配合 Shift 键使用可以轻松绘制出任何角度的直线，如图 3.1.34 所示。

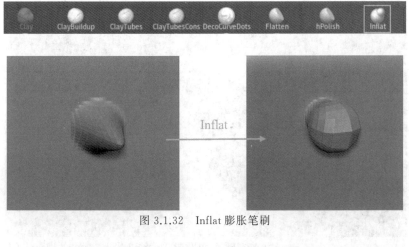

图 3.1.32 Inflat 膨胀笔刷

图 3.1.33 Pinch 收缩笔刷

图 3.1.34 DamStandard 小刻刀笔刷

- 个性化导入笔刷：ZBrush 支持导入其他笔刷，可以根据项目需求或者个人喜好，导入一些特殊笔刷，例如后面战斧案例里用到的这只修改版的 Flatten 笔刷，可以很好地模拟金属等硬表面的切角效果，如图 3.1.35 所示。

7. 自主学习资料介绍

（1）ZBrush 的官方教程，网址为 https://zbrush.mairuan.com，如图 3.1.36 所示。

（2）再给大家分享一个 B 站的 ZBrush 基础入门的视频教程：https://www.bilibili.com/video/BV1zJ411n7qE/? spm_id_from＝333.337.search-card.all.click&vd_source＝eb64cf630dbdb5341eea9c104ff1b220。

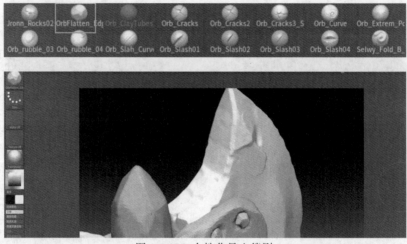

图 3.1.35　个性化导入笔刷

图 3.1.36　ZBrush 的官方教程

3.2　战斧建模

知识点：

- 掌握模型的移动、旋转、缩放等基本操作
- 掌握遮罩的绘制方法
- 了解常用画笔的使用方法
- 掌握动态网格分布的用法
- 掌握模型部分的隐藏与删除方法
- 掌握子工具的使用方法

3.2.1 斧头大型的雕刻制作

本章案例以 Sketchfab 网站的艺术家雷切尔的 Stylized BattleAxe 斧头为模型样例,如图 3.2.1 所示。通过观察战斧的资料图片,分析斧头的组成:斧头、斧柄及装饰细节等部分,依次讲解使用 ZBrush 制作该战斧模型的各部件的制作方法。以问题为导向,通过项目实践训练,最终完成本章内容的学习。

图 3.2.1　战斧资料图片

1. 斧头大型制作

第一步,先用圆柱体起大型。从右边的工具栏选择圆柱体,在中间操作区拖曳,创建一个圆柱体,点击"编辑"按钮(或按快捷键 T),如图 3.2.2 所示。如果需要刷新画布,则按快捷键 Ctrl+N。

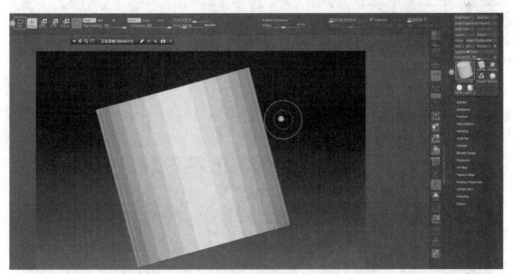

图 3.2.2　创建圆柱体

第二步,点击右边工具栏中生成的 PM3D 按钮,圆柱体就可以被绘制了,如图 3.2.3 所示。

第三步,点击右边导航栏中的绘制多边形线框按钮,圆柱体中可以显示网格布线,如

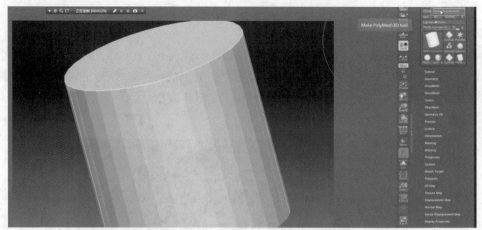

图 3.2.3　生成 PM3D

图 3.2.4 所示。

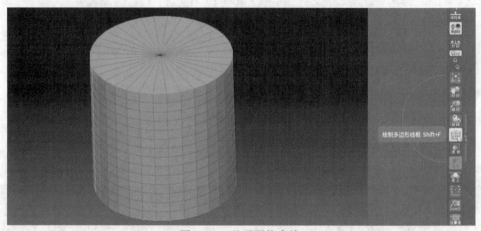

图 3.2.4　显示网格布线

　　第四步，打开网格布线，发现圆柱体面数不足以绘制细节。通过调整右边多边形编辑下的 Dynamesh 参数，设分辨率为 128，次级投射为 0，然后点击 Dynamesh 按钮，圆柱体面数增加了很多，如图 3.2.5 所示。

图 3.2.5　增加圆柱体面数

第五步,选择缩放工具,将圆柱体压扁,如图 3.2.6 所示。

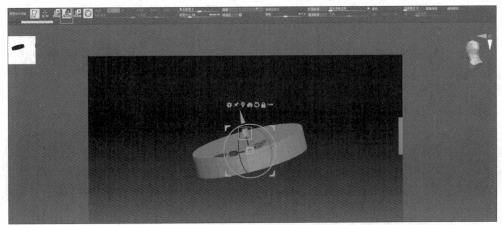

图 3.2.6 压扁圆柱体

第六步,按 Ctrl 键,启用遮罩模式。点击左上角的蒙版图标,切换成套索模式,如图 3.2.7 所示。

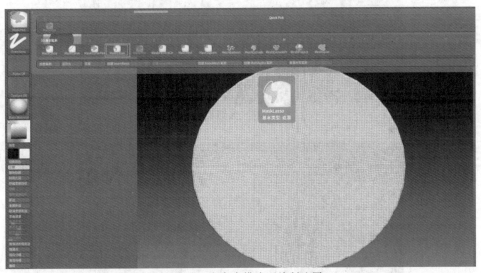

图 3.2.7 在套索模式下绘制遮罩

第七步,按 Ctrl 键,用套索大致绘制出斧头的形状遮罩,如图 3.2.8 所示。

第八步,反选遮罩,按住 Ctrl 键并在画布空白处点击,就可以反选遮罩,如图 3.2.9 所示。

> **小提示**:画遮罩的部分会呈现黑色,被遮住的地方就是被保护的地方,不会被旁边的操作影响,ZBrush 里,遮罩具有非常灵活好用的功能,读者可以在后面的实践练习中慢慢学习,体会它的用处。

- 按 Ctrl 键并在画布空白处点击,可以反选遮罩;
- 按 Ctrl 键并在画布空白处画框,可以取消遮罩;
- 按 Ctrl 键并在遮罩位置点击,可以虚化遮罩,如图 3 2.10 所示;

图 3.2.8　绘制斧头的形状遮罩

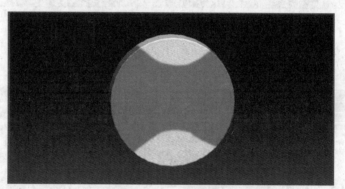

图 3.2.9　反选遮罩

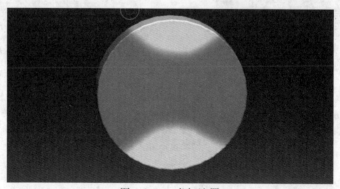

图 3.2.10　虚幻遮罩

- 按 Ctrl＋Alt 组合键并在遮罩位置点击，可以锐化遮罩，如图 3.2.11 所示。

第九步，使用移动画笔，按"]"可以调整笔刷大小，适当将画笔调大，推动遮罩以外部分到遮罩里，形成斧子的大型，效果如图 3.2.12 所示。

第十步，启用 Dynamesh 动态网格重新分布，点击右边几何体编辑面板中的 Dynamesh 按钮，就可以修复网格物体的布线错误，如图 3.2.13 所示。

第十一步，按住 Shift 键，启用平滑画笔，平滑修复斧头形状，斧头大型完成，如图 3.2.14 所示。

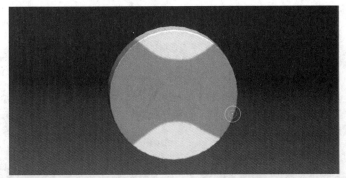

图 3.2.11　锐化遮罩

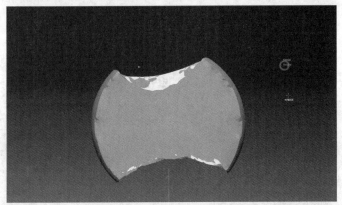

图 3.2.12　移动遮罩以外部分

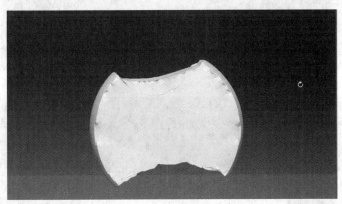

图 3.2.13　动态网格分布

第十二步,使用抛光笔刷 hPolish 制作斧头的刀刃,如图 3.2.15 所示。

第十三步,斧头左、右两边的刀刃部分,都需要使用抛光笔刷抛出刀刃形状,如图 3.2.16 所示。

2. 细化斧头形状

第一步,参考样例的斧头是左、右两边各有一个,接下来要切分斧头,如图 3.2.17 所示。

第二步,按 Ctrl＋Alt＋Shift 组合键绘制遮罩,绘制部分将被隐藏。接下来,绘制斧子

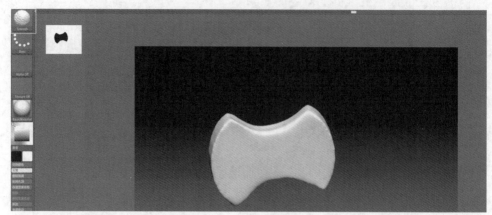

图 3.2.14　平滑修复斧头形状

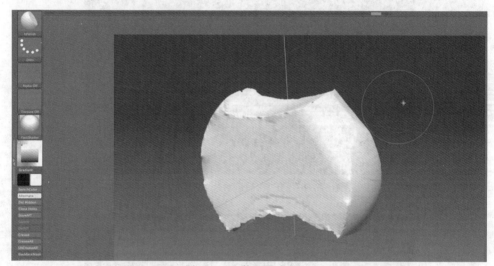

图 3.2.15　使用抛光笔刷

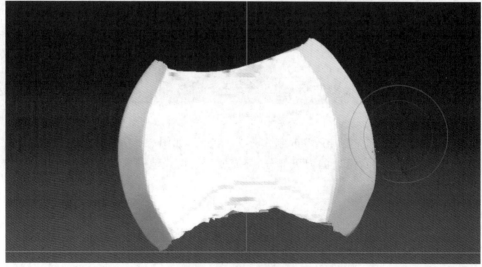

图 3.2.16　抛光制作刀刃

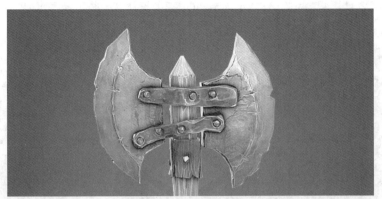

图 3.2.17 切分斧头

中间需要分开的地方,同时按住 Ctrl＋Alt＋Shift 组合键绘制中间的隐藏形状,如图 3.2.18 和图 3.2.19 所示。

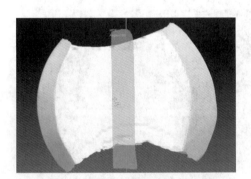

图 3.2.18 绘制隐藏形状

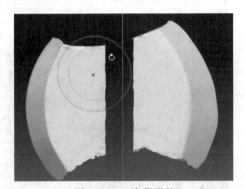

图 3.2.19 隐藏形状

第三步,删除隐藏,并封闭切分后留下的孔洞。在右边几何体编辑面板下的修改拓扑栏下选择删除隐藏物体并封闭孔洞命令,如图 3.2.20 所示。

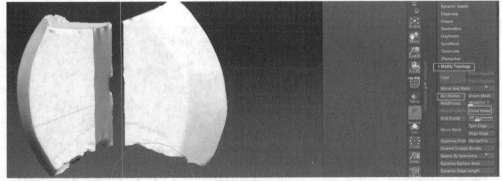

图 3.2.20 封闭孔洞后效果

第四步,继续细化斧头形状,为了避免影响另一半斧头,需要将其遮罩,按住 Ctrl 键,继续使用套索绘制出将其罩住的形状即可,如图 3.2.21 所示。

第五步,使用移动画笔工具,对照参考图,进一步调整斧头形状,如图 3.2.22 所示。

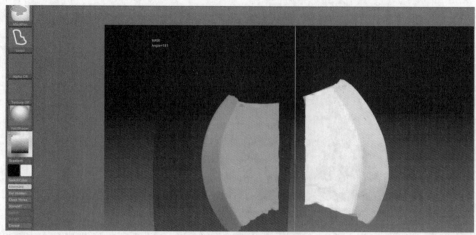

图 3.2.21　遮罩一半斧头

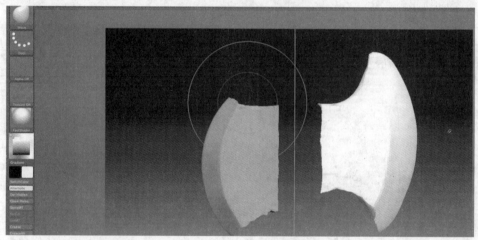

图 3.2.22　调整斧头形状

第六步，反选遮罩，按 Ctrl 键并在画布空白处点击，继续调整另一半斧头形状，如图 3.2.23 所示。

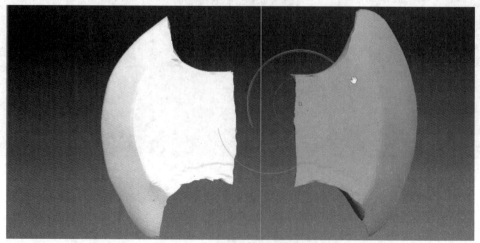

图 3.2.23　调整另一半斧头形状

第七步，按住 Shift 键旋转，可以快速转至正视图。按 X 键，开启对称，如果斧子太厚，可以再次绘制隐藏形状，去掉多余部分，如图 3.2.24 所示。

图 3.2.24　隐藏过厚的部分

第八步，重复前面的操作删除隐藏，封闭孔洞，如图 3.2.25 所示。

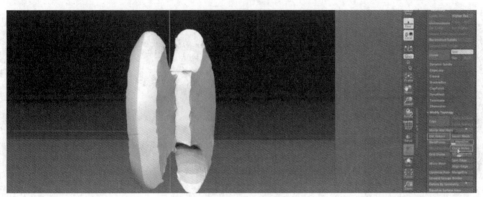

图 3.2.25　修复孔洞

第九步，打开网格显示，使用动态网格 Dynamesh 修复布线，修复前布线是错乱的三角形，如图 3.2.26 所示，修复后变成大小均匀的四边形，如图 3.2.27 所示。

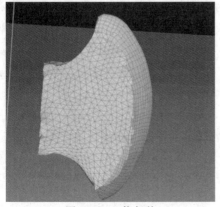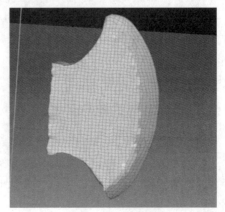

图 3.2.26　修复前　　　　　　　　图 3.2.27　修复后

第十步，继续使用抛光笔刷 hPolish，结合遮罩功能，细化斧头的造型，如图 3.2.28 所示。

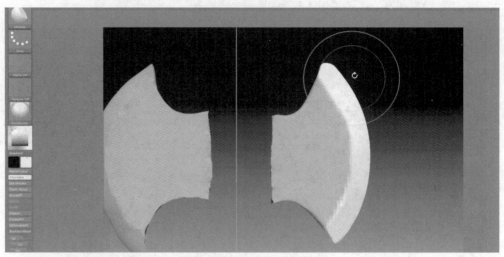

图 3.2.28　细化斧头的造型

第十一步，使用 Move 移动画笔，结合遮罩功能，调整斧头的造型，如图 3.2.29 所示。

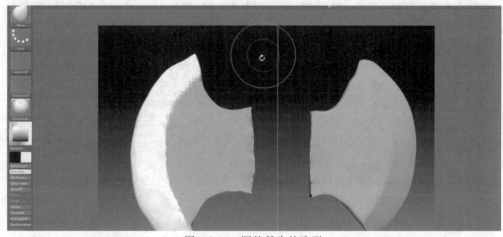

图 3.2.29　调整斧头的造型

第十二步，斧头基础大型完成，如图 3.2.30 所示。

第十三步，继续刻画斧头铸铁打造的肌理质感，使用另一只抛光画笔，先对转角处进行切角效果抛光，如图 3.2.31 所示。

第十四步，继续刻画斧头铸铁锻造的铁块硬表面质感，如图 3.2.32 所示。

3.2.2　斧柄大型的雕刻制作

观察战斧的参考图，斧柄的几何形体接近于圆柱体，如图 3.2.33 所示。

所以，斧柄的模型可以使用圆柱体来塑造大型。当然，对于对 ZBrush 操作比较熟练的人来说，使用任何几何形体都可以将斧柄的模型快速调整成想要的形状，这取决于个人的建模喜好。

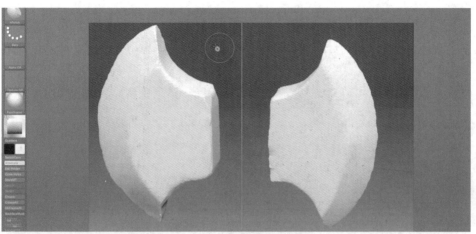

图 3.2.30 斧头基础大型完成

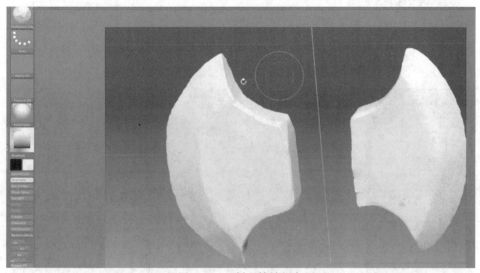

图 3.2.31 刻画铸铁切角

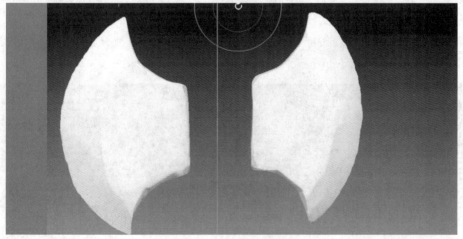

图 3.2.32 铸铁锻造肌理

图 3.2.33　战斧资料图片

1. 斧柄大型制作

　　第一步，先用圆柱体起大型。从右边的工具栏中选择圆柱体，在中间操作区拖曳，创建一个圆柱体，点击编辑按钮（或按快捷键 T），并点击右边工具栏中的生成 PM3D，然后，在子工具里选择追加该圆柱体，如图 3.2.34 所示。

图 3.2.34　追加斧柄

　　第二步，制作斧柄顶部的尖角形状。首先，执行动态网格重新分布一次，然后使用遮罩罩住斧柄尖角以下的部分，如图 3.2.35 所示。

图 3.2.35　绘制遮罩

第三步，使用抛光画笔，抛出尖角形状，如图3.2.36所示。

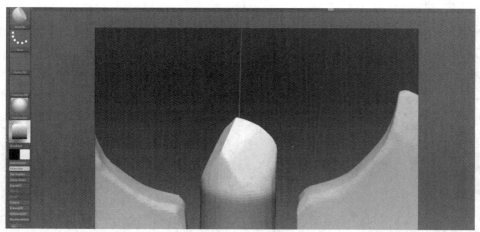

图3.2.36　抛出尖角形状

第四步，注意抛光要慢一点，画笔不要太大，如果抛光不动，布线会出现问题，重新动态网格一下，可以接着抛光，如图3.2.37所示。

图3.2.37　修复布线

第五步，斧柄尖角抛光绘制完成的效果如图3.2.38所示。

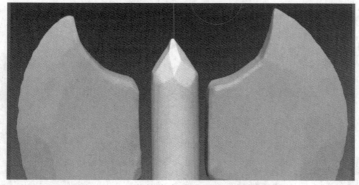

图3.2.38　斧柄尖角抛光绘制完成的效果

第六步，斧柄木制材质的制作。右边工具栏可以开启独立显示，继续使用两种抛光笔刷绘制完成斧柄的大致效果，绘制时注意木头硬质的切面表达，如图3.2.39所示。

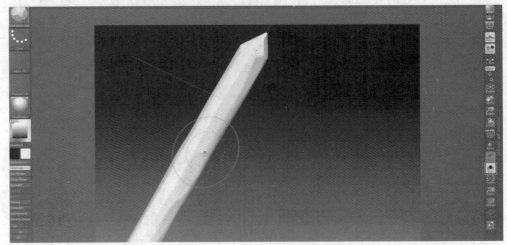

图3.2.39　斧柄木制质感

第七步，斧柄绘制完成后，关闭独立显示按钮，如图3.2.40所示。

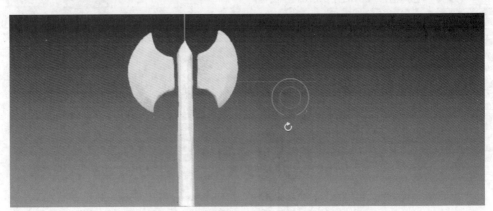

图3.2.40　取消独显

第八步，制作斧柄底端装饰圆环。通过追加工具的圆环体，抛光画笔塑造，如图3.2.41所示。

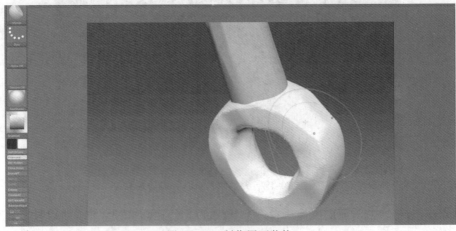

图3.2.41　制作圆环装饰

第九步,通过对比参考图,多次抛光,并使用移动调整,完成装饰圆环制作,如图3.2.42所示。

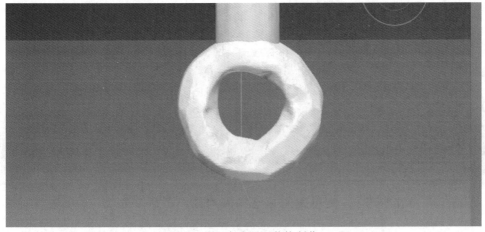

图 3.2.42 完成圆环装饰制作

第十步,在右边的子工具栏下点击复制圆环,如图 3.2.43 所示。

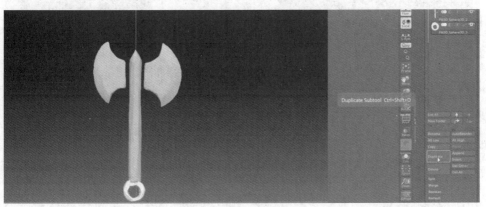

图 3.2.43 复制圆环

第十一步,将复制的圆环旋转 90°,适当缩小,使用移动画笔调整形状,如图 3.2.44 所示。

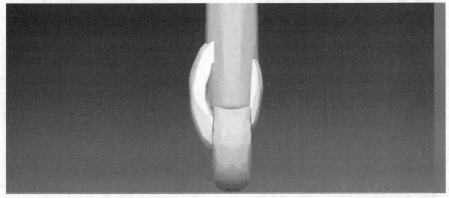

图 3.2.44 调整形状

第十二步，对比参考图，需要删除上面一半圆环。使用遮罩，删除隐藏，封口，如图 3.2.45 所示。

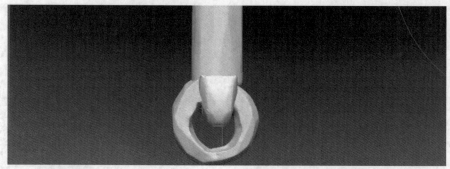

图 3.2.45　造型

第十三步，对比参考图，使用抛光画笔深入刻画一下圆环造型，斧柄造型完成，如图 3.2.46 所示。

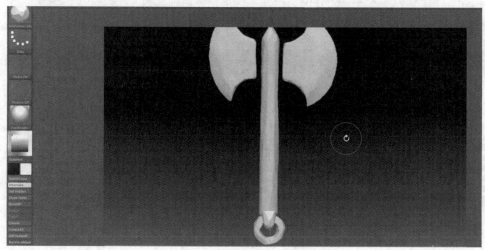

图 3.2.46　斧柄造型完成

3.2.3　斧子的深入雕刻制作

做好斧头和斧柄的大型后，继续观察战斧图片，分析归纳战斧上的细节结构，可以分为斧头细节、斧柄细节、布条绑带、铆钉、图案肌理细节等，而且斧子的正反两面的造型是不同的，如图 3.2.47 所示。

1. 斧头部分细节制作

第一步，从右边工具栏的子工具下点击复制按钮，复制一份斧头模型，如图 3.2.48 所示。

第二步，斧头上面细节，需要删除一半斧头，按 Ctrl＋Alt＋Shift 组合键绘制隐藏遮罩，遮住要删除的一半，然后点击删除隐藏，如图 3.2.49 所示。

> **小提示**：按 Ctrl＋Alt＋Shift 组合键默认绘制的是矩形遮罩，如果想切换其他的遮罩绘制形式，比如要切换成套索形式，可以点击笔刷下方的按钮进行切换，如图 3.2.50 所示。

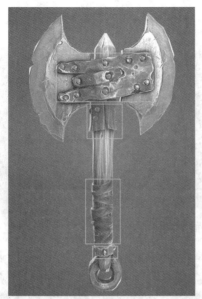

图 3.2.47 战斧正反面细节分析

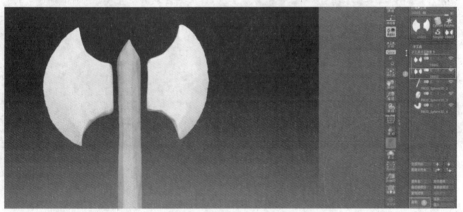

图 3.2.48 复制斧头模型

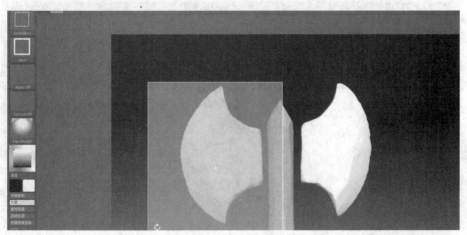

图 3.2.49 绘制隐藏遮罩

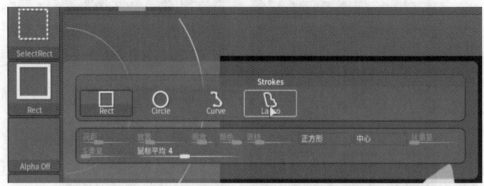

图 3.2.50　切换绘制方式

第三步，使用移动画笔，将物体移动到装饰结构的位置，如图 3.2.51 所示。

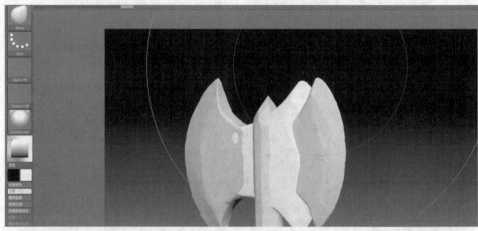

图 3.2.51　移动位置

第四步，调整装饰结构的形状。继续使用套索绘制隐藏遮罩，按 Ctrl＋Alt＋Shift 组合键绘制隐藏遮罩，如图 3.2.52 所示。

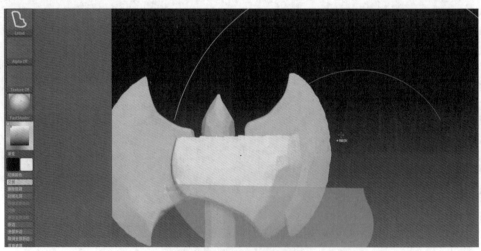

图 3.2.52　绘制隐藏遮罩

第五步,继续使用删除隐藏并封闭孔洞命令,如图 3.2.53 所示。

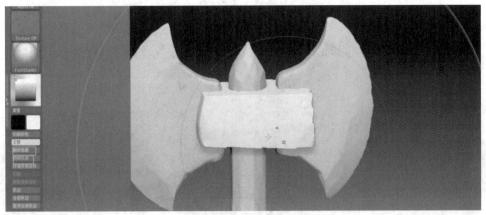

图 3.2.53 封闭空洞

小贴士:可以将自己常用的操作命令设置成自定义界面,方便个性化操作。

第六步,再次执行动态网格分布,修复模型布线,如图 3.2.54 所示。

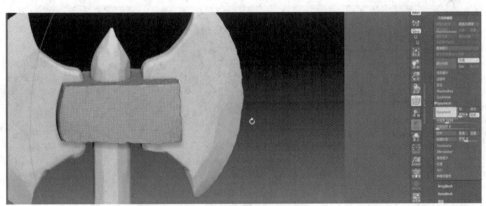

图 3.2.54 修复模型布线

第七步,继续细化造型,使用剪切工具,按 Ctrl+Shift 组合键绘制形状,可以直接剪切绘制出的形状,图 3.2.55 所示。

第八步,按 Shift 键,适当平滑处理,使用移动画笔继续造型。为了避免影响到下半部分,可以将其遮罩保护起来,如图 3.2.56 所示。

第九步,旋转到顶视图,使用移动画笔继续造型,如图 3.2.57 所示。

第十步,取消对称,按 Ctrl+Shift 组合键绘制形状,剪切背面的一半,如图 3.2.58 所示。

第十一步,使用抛光画笔 hPolish,配合 Shift 键平滑,抹平塑造金属表面结构,如图 3.2.59 所示。

第十二步,继续抛光+移动造型。注意制作出金属和斧柄之间的拱形表面结构,如图 3.2.60 所示。

第十三步,使用 Clay 黏土笔刷,可以增加表面厚度,表现金属粗糙的表面结构,如图 3.2.61 所示。

第十四步,绘制大致完成,复制并删除多余部分,制作中间的小段结构,如图 3.2.62

图 3.2.55　剪切造型

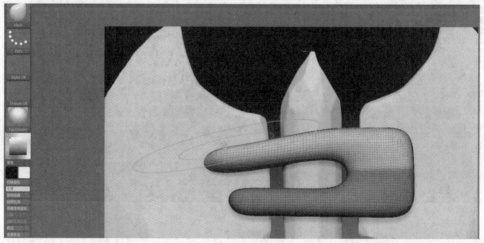

图 3.2.56　移动画笔调整造型

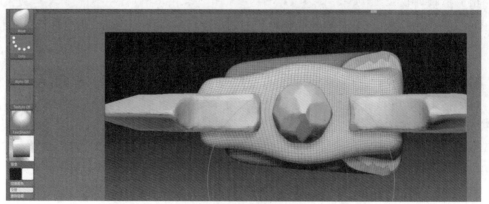

图 3.2.57　继续调整造型

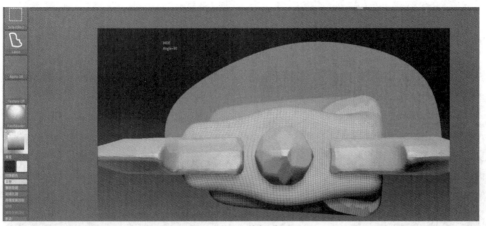

图 3.2.58　剪切背面

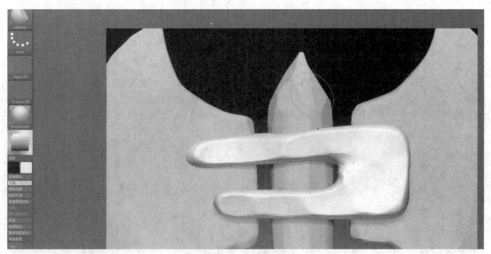

图 3.2.59　抛光表面

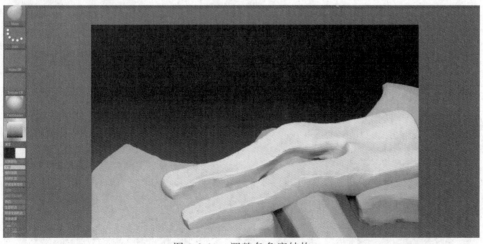

图 3.2.60　调整各角度结构

所示。

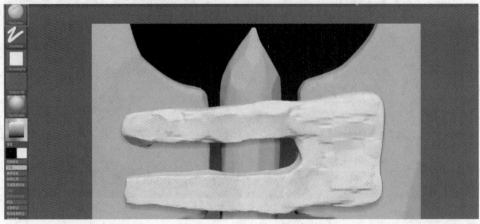

图 3.2.61   Clay 黏土笔刷

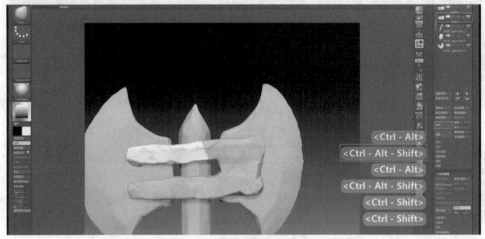

图 3.2.62   复制并删除多余部分

第十五步，综合运用前面的绘制方法，继续抛光绘制这一小块金属结构，如图 3.2.63 所示。

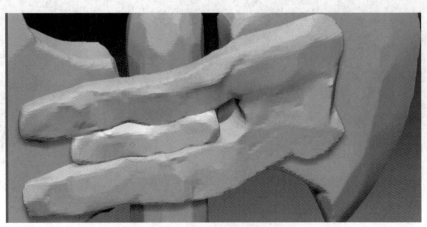

图 3.2.63   继续绘制

第十六步，前面绘制完成后，可以通过镜像的方式制作背面的结构，镜像命令：右边属性面板→多边形编辑→变形→镜像。注意：调整镜像的轴线为 X 轴，如图 3.2.64 所示。

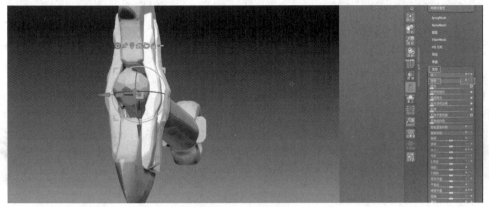

图 3.2.64　镜像复制

第十七步，根据参考图调整背面细节结构。使用遮罩绘制形状，去掉多余结构，如图 3.2.65 所示。

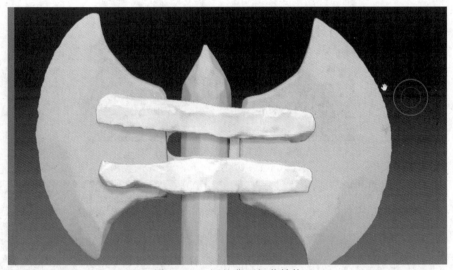

图 3.2.65　调整背面细节结构

第十八步，根据参考图，使用移动画笔调整形状，如图 3.2.66 所示。

第十九步，使用抛光画笔深入造型，如图 3.2.67 所示。

第二十步，整体抛光，点击右边几何体编辑的 Claypolish，可以使模型更加整体，如图 3.2.68 所示。

第二十一步，继续抛光调整斧头其他细节，这样斧头大型就细化完成了。

2. 斧柄部分细节制作

第一步，复制斧柄，然后使用遮罩，删除多余部分，如图 3.2.69 所示。

第二步，使用膨胀笔刷，沿着上、下边缘位置膨胀一下，如图 3.2.70 所示。

第三步，膨胀之后，布线会拉伸，使用动态网格 Dynamesh 修复布线，如图 3.2.71 所示。

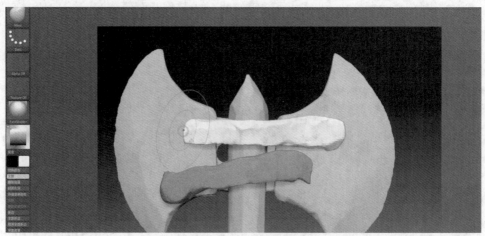

图 3.2.66　调整形状

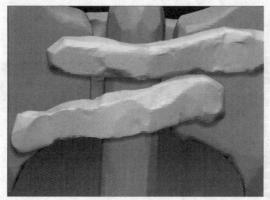

图 3.2.67　继续塑造

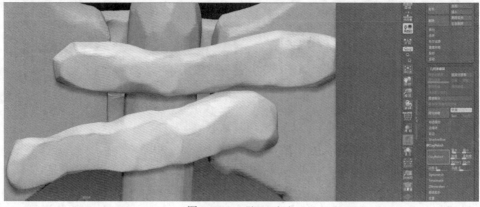

图 3.2.68　Claypolish

第四步，再次观察参考图，发现斧柄装饰木头需要切分成几片，包裹住斧柄，如图 3.2.72 所示。

第五步，先复制一份斧柄装饰圆柱，并隐藏；再绘制遮罩，遮住一半，删除隐藏，如图 3.2.73 所示。

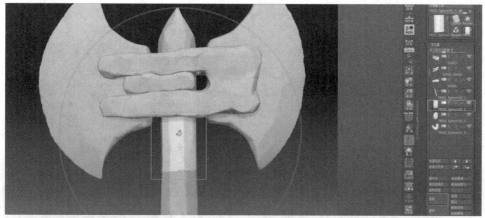

图 3.2.69　复制斧柄

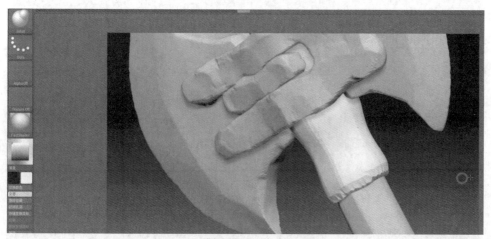

图 3.2.70　膨胀

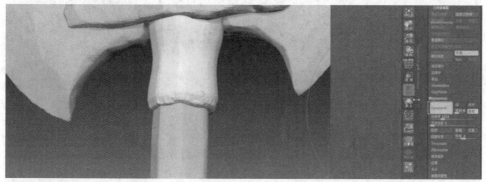

图 3.2.71　使用动态网格 Dynamesh 修复布线

　　第六步,点击右边工具栏中的孤立显示;再按 Ctrl＋Alt＋Shift 组合键绘制隐藏遮罩,使用套索绘制圆形遮罩,删除圆柱内部实心,然后封口,如图 3.2.74 和图 3.2.75 所示。

　　第七步,由于圆形的原因,封口后形状并不能让我们满意,需要移动画笔再次塑造,直接移动是不行的,需要先按 Ctrl 键绘制遮罩,保护住圆形外形,再移动造型,根据需要调节笔

图 3.2.72　分析斧柄装饰细节

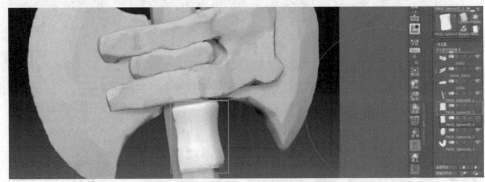

图 3.2.73　制作细节

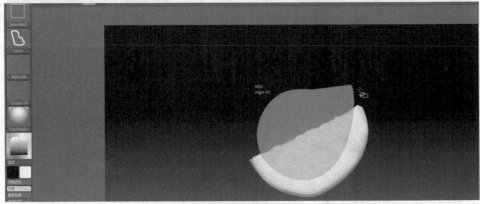

图 3.2.74　绘制遮罩

刷大小，如图 3.2.76 所示。

第八步，取消遮罩（按 Ctrl 键并在空白处框选），再执行一次动态网格 Dynamesh，如图 3.2.77 所示。

第九步，由于木片现在很薄，绘制时会影响背面，因此需要开启背面遮罩功能（通过"菜单"→"笔刷"→"自动遮罩"→"背面遮罩"开启）如图 3.2.78 所示。注意，先选定后面要绘制

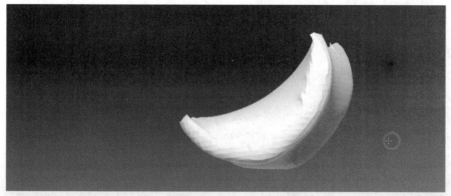

图 3.2.75　封闭孔洞

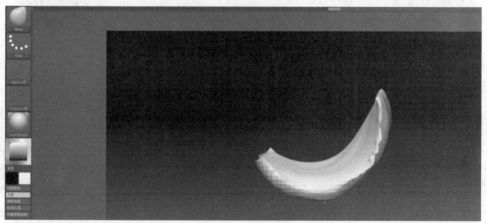

图 3.2.76　移动造型

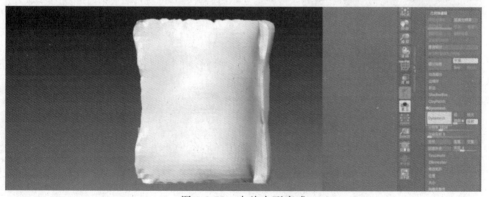

图 3.2.77　木片大型完成

的笔刷,该功能仅针对该笔刷有效。

　　第十步,再综合使用两种抛光画笔,绘制木片的纹理,如图 3.2.79 所示。

　　第十一步,取消遮罩(按 Ctrl 键并在空白处框选),然后执行一次动态网格 Dynamesh,如图 3.2.80 所示。

　　第十二步,制作缺口,先按 Ctrl 键绘制遮罩缺口形状,再反选遮罩(按 Ctrl 键并点击空

图 3.2.78　背面遮罩

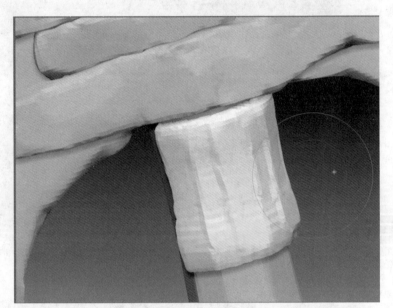

图 3.2.79　绘制木片纹理

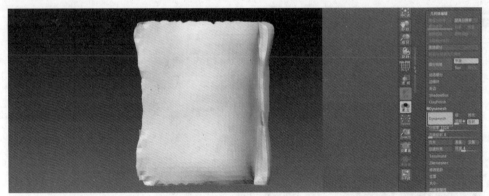

图 3.2.80　执行动态网格 Dynamesh

　　白处），然后使用移动画笔将缺口位置移动到木片内部，如图 3.2.81 所示。

　　第十三步，取消遮罩（按 Ctrl 键并在画布空白处框选），然后执行一次动态网格 Dynamesh。使用同样的方法，再做下一个缺口，如图 3.2.82 所示。

　　第十四步，细化木纹，找到 Slash 画笔，笔刷大小调小一点，画出一条一条的细纹，如图 3.2.83 所示。

　　第十五步，孤立显示，使用光滑笔刷，修复一下边缘，如图 3.2.84 所示。

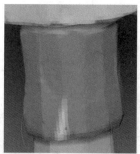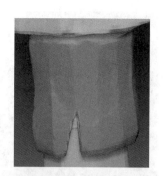

图 3.2.81　木片大型完成

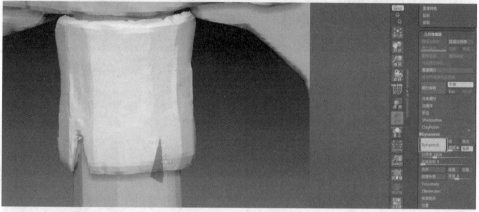

图 3.2.82　制作木片缺口

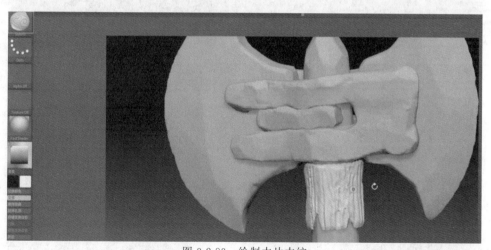

图 3.2.83　绘制木片木纹

第十六步，在子工具下复制出另一块木片，旋转并移动，调整到合适位置，如图 3.2.85 所示。

第十七步，使用套索工具绘制两块木片中间的缝隙，如图 3.2.86 所示。

第十八步，删除隐藏并封闭孔洞，调整位置，如图 3.2.87 所示。

第十九步，通过复制第二款木片制作第三块木片，旋转调整位置，如图 3.2.88 所示。

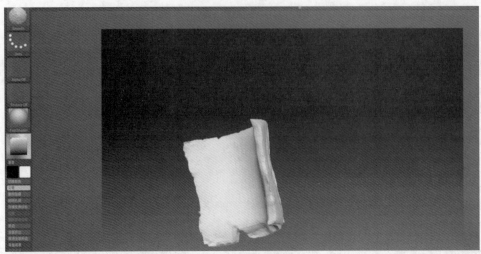

图 3.2.84　平滑木片边缘

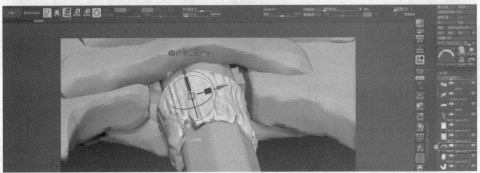

图 3.2.85　复制并旋转

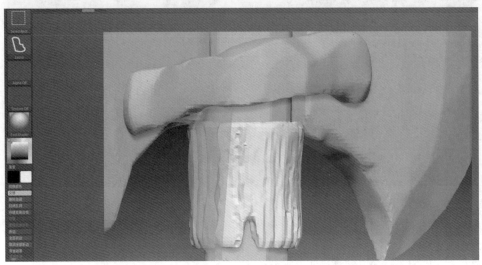

图 3.2.86　绘制缝隙

　　第二十步，调整图层，将三块木片合并到一层。选择上一层，点击向下合并，如图 3.2.89
所示。

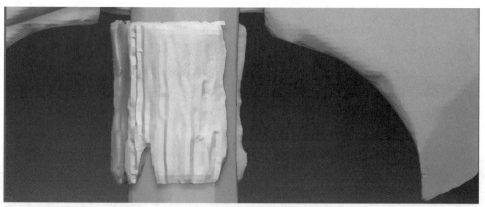

图 3.2.87 调整位置

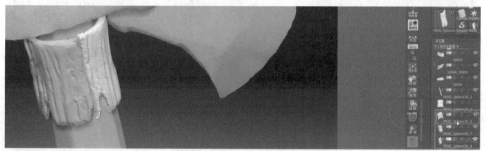

图 3.2.88 第三块木片完成

小提示：合并操作是不可逆的，无法撤销；合并时要先选择上面的图层，后向下合并。

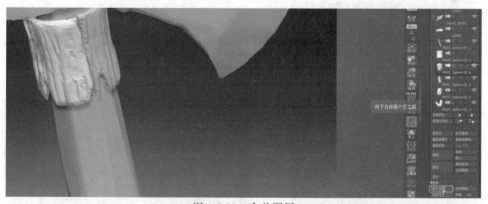

图 3.2.89 合并图层

第二十一步，孤立显示检查，三块木片合并到一起的效果如图 3.2.90 所示。

3. 布条绑带部分的制作

第一步，将前面复制隐藏的圆柱移动到下面，使用其继续制作布条绑带，如图 3.2.91 所示。

第二步，仔细观察布条绑带的造型特点，如图 3.2.92 所示。调大笔刷，使用移动画笔调整绑带形状，再运用前面所学的方法，使用套索工具绘制隐藏遮罩，再删除隐藏的多余部分，

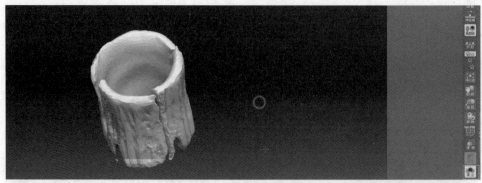

图 3.2.90　孤立显示检查

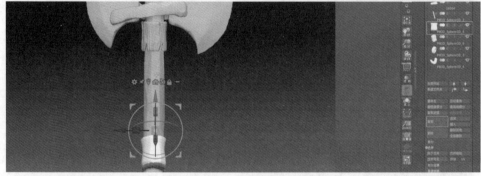

图 3.2.91　移动圆柱

补洞，如图 3.2.93 所示。

图 3.2.92　观察布条绑带　　　　　　　图 3.2.93　制作第一条布样绑带

第三步，刻画布条绑带特点。先使用 Smooth 平滑画笔平滑一下，再使用 hPolish 抛光画笔,进行切面抛光造型,如图 3.2.94 所示。

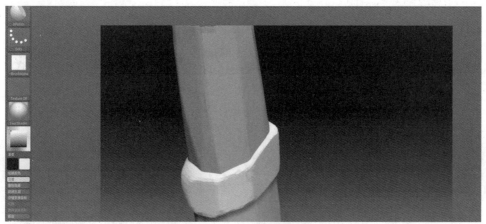

图 3.2.94　塑造布条绑带大型

第四步,使用 hPolish 抛光画笔,慢慢仔细进行抛光造型,完成后的效果如图 3.2.95 所示。

图 3.2.95　抛光布条绑带

第五步,刻画布条绑带褶皱细节。先选择 Dam 笔刷,绘制模式选择 Zadd 凸起模式,绘制褶皱,再使用 hPolish 抛光画笔,然后动态网格点一下,反复认真进行塑造,如图 3.2.96～图 3.2.98 所示。

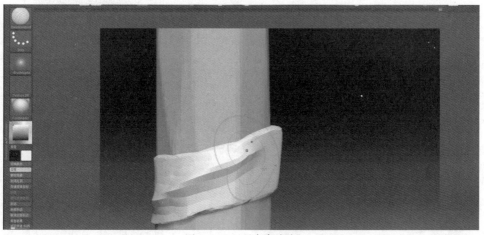

图 3.2.96　画布条突起

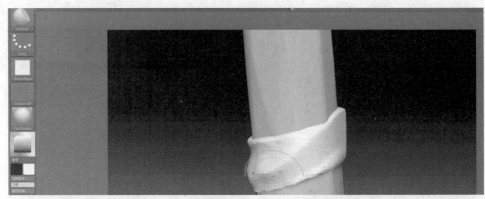

图 3.2.97　布条抛光

图 3.2.98　布条效果

第六步，复制第一条布条绑带，然后使用移动画笔造型，如图 3.2.99 所示。

图 3.2.99　复制第一条布条绑带

第七步，使用第一条布条的制作方法，继续深入塑造第二条布条，如图 3.2.100 所示。

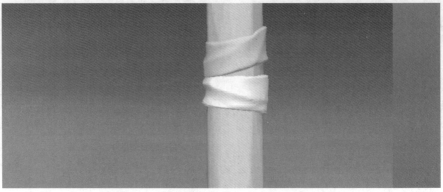

图 3.2.100　第二条布条

第八步,先将前两条布条合并,再进行复制,为避免过于重复,适当旋转,如图 3.2.101 所示。

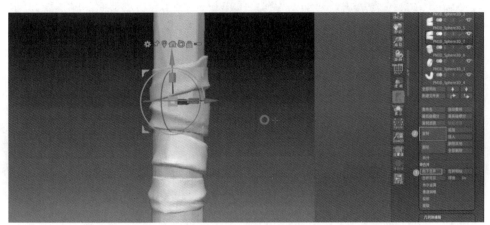

图 3.2.101　复制第三、四条布条

第九步,使用前面的画笔继续绘制布条细节,再复制一条布条进行绘制,完成后的效果如图 3.2.102 所示。

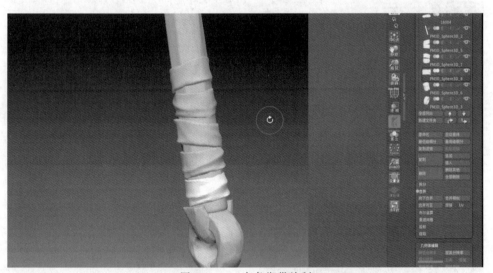

图 3.2.102　布条绑带绘制

第十步,将所有布条细节合并,使用移动工具,向上移动调整位置,完成后的效果如图 3.2.103 所示。

第十一步,制作底端木制结构。选择斧柄模型,在底端绘制遮罩,反选遮罩,如图 3.2.104 所示。

第十一步,使用 Inflat 膨胀画笔,使手柄底端膨胀起来一点,如图 3.2.105 所示。

第十二步,取消遮罩,执行一次动态网格修复布线。再绘制好遮罩,开启孤立显示,继续使用抛光画笔塑造细节,如图 3.2.106 所示。

第十三步,使用移动画笔,调整手柄底端木块与金属圆环的大小关系,如图 3.2.107 所示。

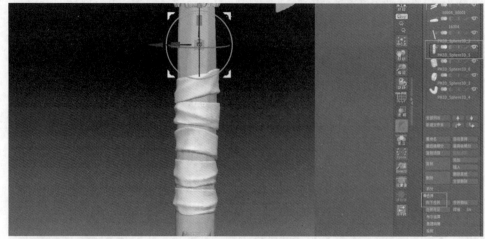

图 3.2.103　合并布条

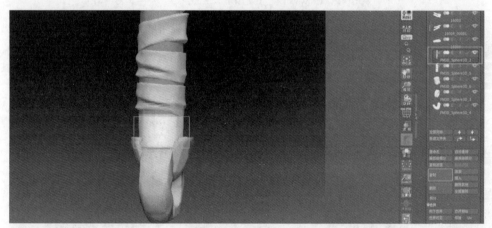

图 3.2.104　绘制遮罩

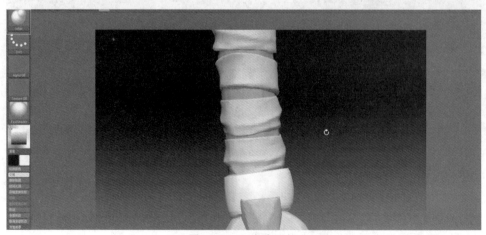

图 3.2.105　膨胀画笔

图 3.2.106 塑造细节

图 3.2.107 调整比例关系

3.2.4 斧子的细节雕刻制作

前面已制作完成斧头、斧柄及绑带等主要组成部分,后续要深入刻画表达这些组成部分的质感、肌理、图案等细节,才能使模型塑造得更加逼真、生动。

1. 铆钉细节部分的制作

第一步,仔细观察铆钉的造型特点,以及它与金属块之间的凹凸关系,铆钉下面的金属都有一定的凹陷,如图 3.2.108 所示。

第二步,快速切换子工具模型,在该模型部分按 Alt 键并点击模型,注意画笔笔触不能太大,如图 3.2.109 所示。

第三步,打开网格显示,模型分辨率不足以绘制铆钉细节,适当提升动态网格 Dynamesh

图 3.2.108　观察分析铆钉结构

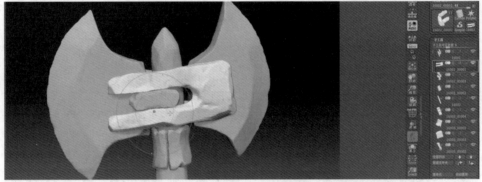

图 3.2.109　快速切换模型

的分辨率，可以调节到 128/256 分辨率，如图 3.2.110 所示。

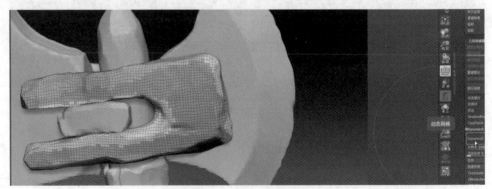

图 3.2.110　快速切换模型

第四步，选择移动画笔，在"笔刷菜单"→"自动遮罩"下打开"背面遮罩"；然后在移动画笔的 Alpha 下选择圆形笔刷，如图 3.2.111 所示。

小提示：背面遮罩只对当前选中的画笔起作用，切换画笔后，需要重新设置画笔。

第五步，在模型分辨率足够的情况下，移动画笔直接向内部推动即可，如图 3.2.112 所示。

如果分辨率不够，可以选择绘制遮罩，再反选遮罩，使用移动画笔向内移动。

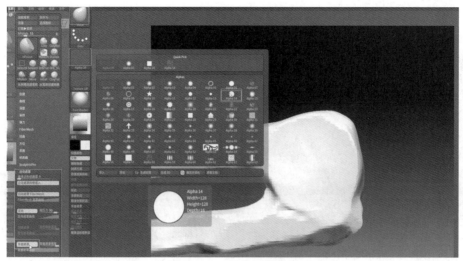

图 3.2.111 切换圆形笔刷

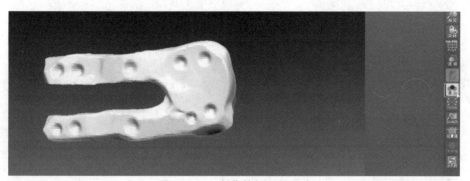

图 3.2.112 制作铆钉下的凹陷

第六步，圆形遮罩制作的圆形凹陷，过于相似，不够自然，需要进行调整。

关闭孤立显示，使用抛光画笔，参照图片效果对铆钉凹陷边缘位置进行适当的形态塑造，适当破一下相似的外形，如图 3.2.113 所示。

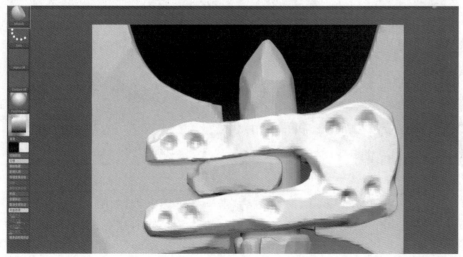

图 3.2.113 细化铆钉下的凹陷

第七步，在子工具下复制该部分，用以制作铆钉，如图 3.2.114 所示。

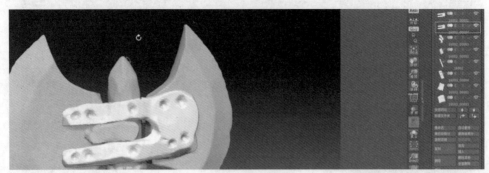

图 3.2.114　复制

第八步，然后使用隐藏遮罩，只保留铆钉位置，其余部分全遮罩，在几何体编辑下修改拓扑面板，点击删除隐藏部分，如图 3.2.115 所示。

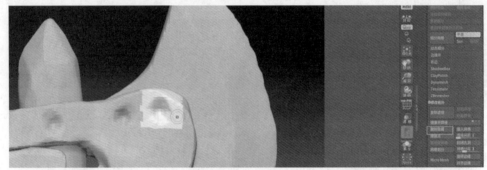

图 3.2.115　制作铆钉

第九步，使用膨胀画笔 Inflat 轻轻点击绘制，膨胀制作向外突出的铆钉结构原型，然后封闭孔洞，如图 3.2.116 所示。

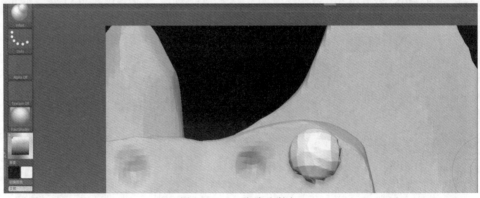

图 3.2.116　膨胀出铆钉

第十步，再次启动 Dynamesh，动态网格重新分布，修复布线，如图 3.2.117 所示。

第十一步，使用 hPolish 抛光画笔，塑造铆钉的硬表面造型，如图 3.2.118 所示。

第十二步，交替使用 hPolish 抛光画笔并按 Shift 键平滑画笔，直到铆钉的切角造型塑造完成，如图 3.2.119 所示。

图 3.2.117 修复布线

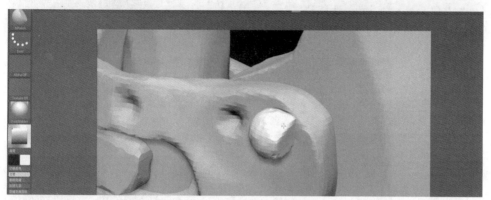

图 3.2.118 塑造铆钉的硬表面造型

图 3.2.119 铆钉的切角造型塑造完成

第十三步，复制铆钉，再挨个进行调整摆放。采用同样的方法制作背面，如图 3.2.120 和图 3.2.121 所示。

第十四步，使用同样的方法，制作斧柄细节上的铆钉，如图 3.2.122 所示。

第十五步，制作斧柄底部的尖状铆钉。同样，先复制斧柄，然后使用遮罩，遮住多余部分，只保留底部，如图 3.2.123 所示。

第十六步，删除隐藏，封闭孔洞，底部小圆柱造型完成，如图 3.2.124 所示。

第十七步，复制底部小圆柱，按 X 键，开启对称，使用移动工具，制作尖状铆钉结构，如图 3.2.125 所示。

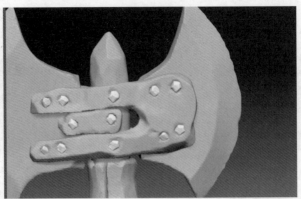

图 3.2.120　斧头正面铆钉

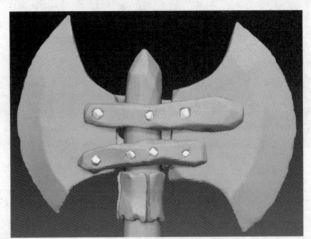

图 3.2.121　斧头背面铆钉

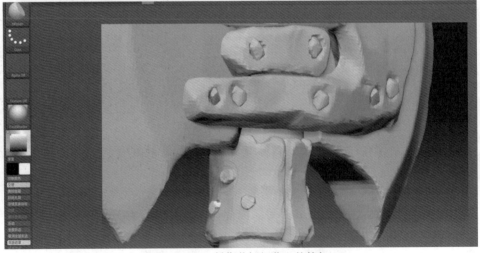

图 3.2.122　制作斧柄细节上的铆钉

第十八步，启动 Dynamesh 动态网格重新布线，使用抛光画笔，制作尖状结构，如

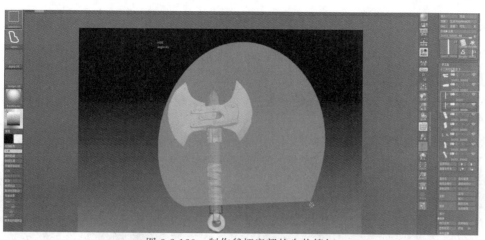

图 3.2.123　制作斧柄底部的尖状铆钉

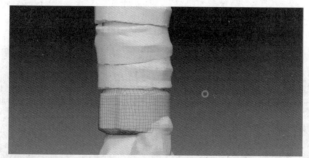

图 3.2.124　删除隐藏

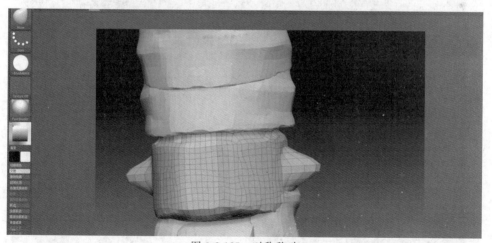

图 3.2.125　对称移动

图 3.2.126 所示。

　　第十九步，只保留尖状结构，其余部分绘制隐藏遮罩，如图 3.2.127 所示。

　　第二十步，删除隐藏，封闭孔洞，再使用移动画笔调整铆钉形状，如图 3.2.128 所示。

　　第二十一步，重新网格分布一次，继续使用抛光画笔，塑造铆钉结构造型，如图 3.2.129
所示。

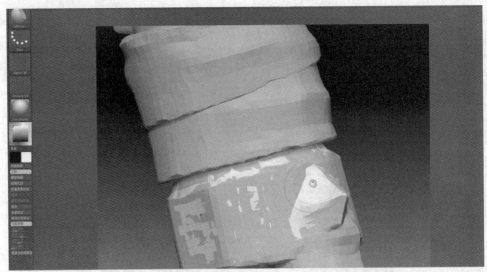

图 3.2.126　制作尖状结构

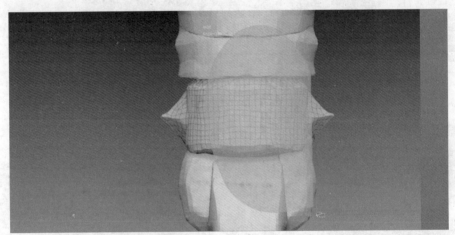

图 3.2.127　绘制隐藏遮罩

图 3.2.128　调整铆钉形状

第二十二步，使用子工具复制这两个铆钉，旋转180°，如图3.2.130所示。

第二十三步，使用抛光画笔细化复制的这两个铆钉，完成整体造型，如图3.2.131所示。

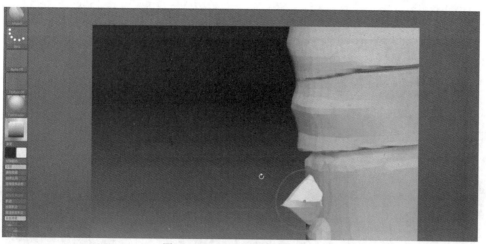

图 3.2.129 塑造铆钉结构造型

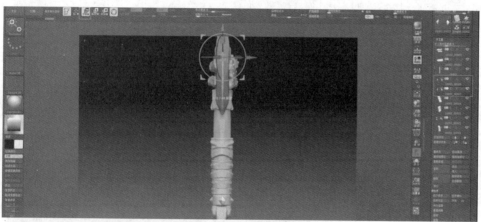

图 3.2.130 复制铆钉

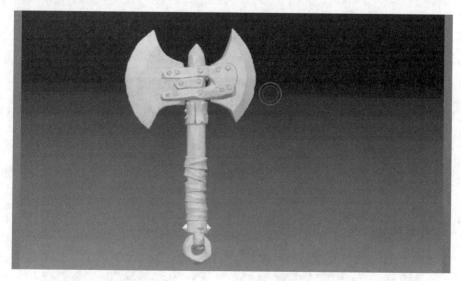

图 3.2.131 完成整体造型

第二十四步，整理子工具的图层，先合并最后制作的铆钉图层，如图 3.2.132 所示。

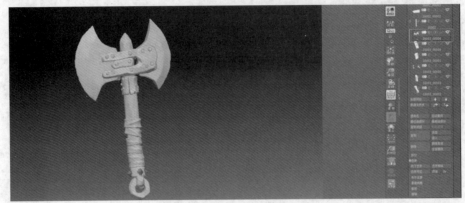

图 3.2.132　合并铆钉图层

第二十五步，战斧模型完成，保存文件，如图 3.2.133 所示。

图 3.2.133　保存文件

2. 斧头表面微细节部分的制作

第一步，仔细观察战斧参考图会发现，斧头由于使用过，刀刃上有缺口，表面还有一些金属使用过后的磨损及划痕的肌理效果，这些细节使得让斧头更加逼真，如图 3.2.134 所示。

图 3.2.134　斧头微细节

第二步,要制作更加精细的结构,需要增加 Dynamesh 网格分辨率。可以根据原来的分辨率数值成倍增加,比如原来是 256,现在可以增加到 512 甚至 1024。再次点击执行 Dynamesh,如果这时模型并没有变化,是因为模型形态没有改变,使用画笔轻微画一下,再点击就可以了,如图 3.2.135 所示。

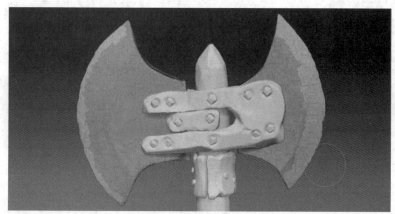
图 3.2.135　增加网格分辨率

第三步,绘制倒角磨损结构,使用抛光画笔,刻画斧头转折处的磨损倒角细节,如图 3.2.136 所示。

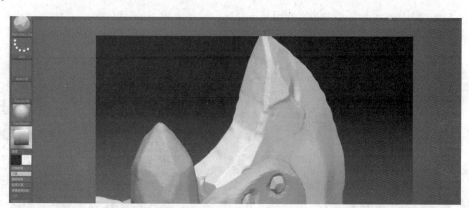
图 3.2.136　制作磨损的倒角

第四步,绘制时其他部件有遮挡,可以开启孤立,如图 3.2.137 所示。

图 3.2.137　制作磨损的倒角

> **小提示**：绘制金属等硬质材质时，可以将笔头 Alpha 换成方形。

第五步，根据自己对质感的理解，细化斧头的质感肌理。右边绘制过的质感提升，如图 3.2.138 所示。

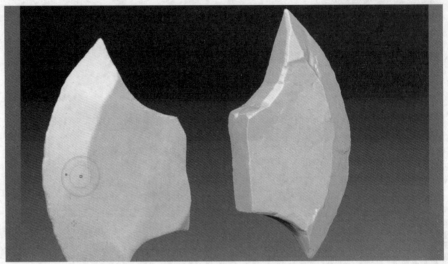

图 3.2.138 细化斧头的质感肌理

第六步，表面肌理塑造完成后，可以拖曳划痕笔刷制作划痕，划痕的大小、深浅、角度及分布要自然且富有变化，绘制时要开启背面遮罩，以免影响背面，如图 3.2.139 所示。

图 3.2.139 细化斧头的质感肌理

第七步，采取同样的方法，使用抛光画笔绘制另一半斧子的肌理细节，如图 3.2.140 所示。

第八步，制作刀刃的缺口，使用遮罩绘制缺口形状，如图 3.2.141 所示。

第九步，反选遮罩，使用移动画笔向内移动，制作缺口形状。注意：想做得精确，画笔需要根据实际情况随时调整大小，里面的地方要适当调小一些，如图 3.2.142 所示。

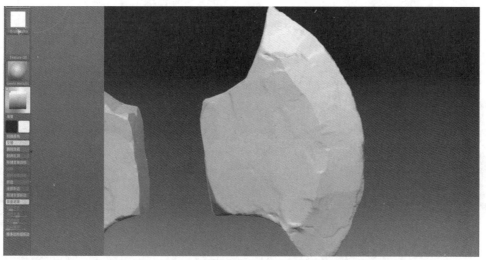

图 3.2.140 绘制另一半斧子的肌理细节

图 3.2.141 制作刀刃的缺口

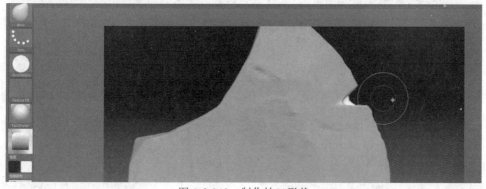

图 3.2.142 制作缺口形状

第十步,使用抛光画笔,修复缺口不够平整的缺陷,如图 3.2.143 所示。

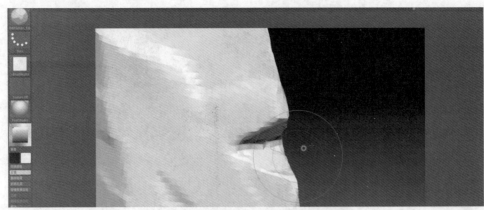

图 3.2.143　修复缺口不够平整的缺陷

第十一步，抛光结合遮罩，完成缺口的塑造，如图 3.2.144 所示。

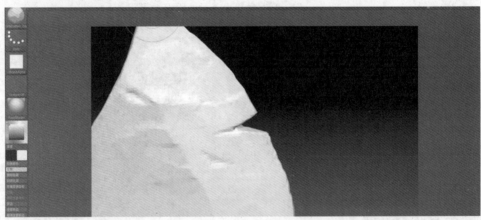

图 3.2.144　缺口的塑造完成

3. 斧头表面图案细节的制作

在斧子的表面可以增加一些文字图案的纹样细节，先看一下斧头目前的面数，怎样查看呢？把光标放到子工具该模型的层上，就会显示该层上模型的面数等信息，如图 3.2.145 所示。

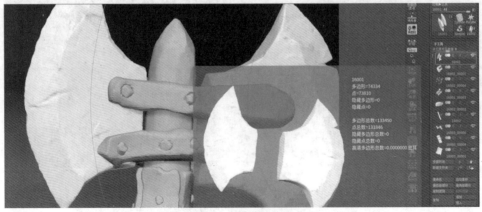

图 3.2.145　查看斧头面数信息

第一步,目前斧头的多边形面数是 7 万多,如果想做更多的细节,理想的面数最好是 10~20 万。由于一开始创建斧头圆柱体时,为了操作方便,特意把模型缩小了,模型的大小与动态网格的面数是有关联的,模型越小,面数越少;因此,如果还要增加面数,该怎么办呢?这个问题是大家创作作品时经常会遇到的问题,比较快捷的办法是将模型放大。

选择斧头模型,右边属性界面的变形卷展栏下,有个大小可调的滑块,将其放大到 100。

为了保证子工具里的所有模型部分尺寸一致,每个层的模型都需要放大到 100,这样就可以等比例地放大整个战斧模型。为了看清楚每部分的位置,可以开启右边工具栏的透明和幽灵,如图 3.2.146 所示。

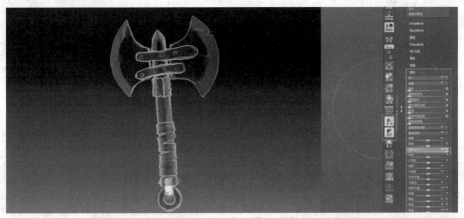

图 3.2.146　斧子模型放大

第二步,模型放大后,分辨率保持不变,再次启动动态网格,面数变成 29 万,如图 3.2.147 所示。

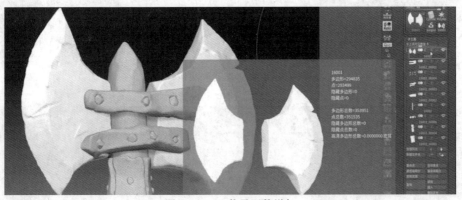

图 3.2.147　斧子面数增加

第三步,在笔刷菜单自动遮罩下,开启背面遮罩,可以避免绘制图案时影响背面,如图 3.2.148 所示。

第四步,现在有更多的面数可以塑造更多的细节,抛光画笔继续细化斧头肌理,如图 3.2.149 所示。

第五步,使用套索遮罩在斧子表面绘制一些图案符号,图案可以自己设计,如图 3.2.150 所示。

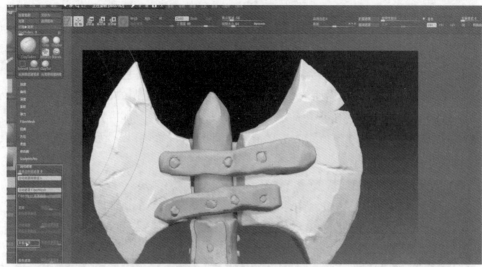

图 3.2.148　开启背面遮罩

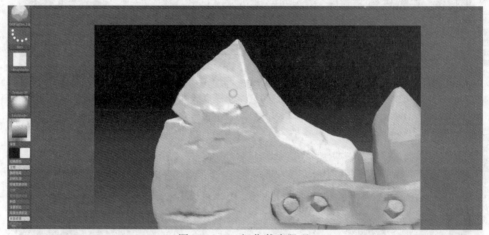

图 3.2.149　细化斧头肌理

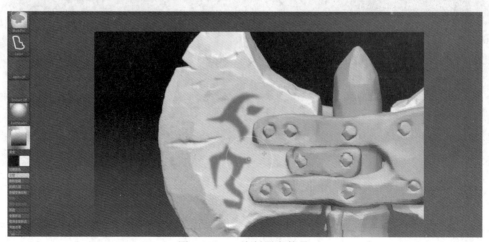

图 3.2.150　绘制图案符号

第六步，图案绘制完成，反选遮罩，开启孤立显示，如图 3.2.151 所示。

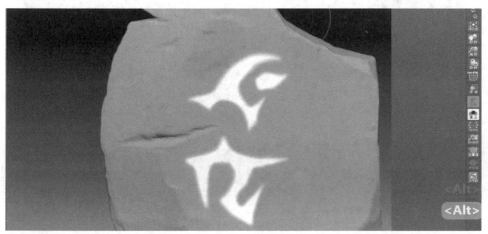

图 3.2.151 绘制图案

小提示：绘制时画笔如果没有开启背面遮罩，注意将背面再画上遮罩。

第七步，调整角度，使用移动画笔向内部移动，塑造出图案向内凹陷的效果，如图 3.2.152 所示

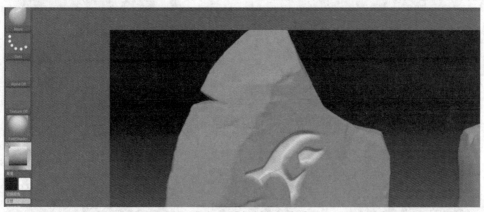

图 3.2.152 图案向内凹陷效果

如果一开始移动画笔控制不好，两个符号可以分两次操作，如图 3.2.153 所示。

第八步，使用抛光画笔，细化符号图案立体结构，形成内斜面造型，如图 3.2.154 所示。

第九步，继续使用抛光画笔，根据凹陷结构适当调整画笔大小，绘制完成的效果如图 3.2.155 所示。

第十步，由于面数增加了，因此每部分都可以再继续细化一下，正面效果和背面效果分别如图 3.2.156 和图 3.2.157 所示。

4. 斧柄表面微细节部分的制作

第一步，使用抛光画笔，对斧柄木制结构进行抛光细化处理，如图 3.2.158 所示。

第二步，使用划痕画笔，调整大小，对斧柄木纹进行细化造型，如图 3.2.159 所示。

第三步，如果要绘制长线条，可以开启笔触菜单下的 Lazy Mouse 笔刷轨迹防抖功能，

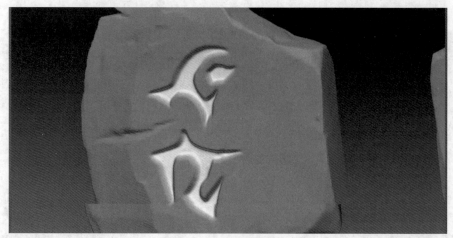

图 3.2.153　符号造型

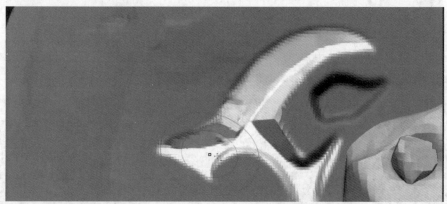

图 3.2.154　细化符号图案立体结构

图 3.2.155　符号塑造完成效果

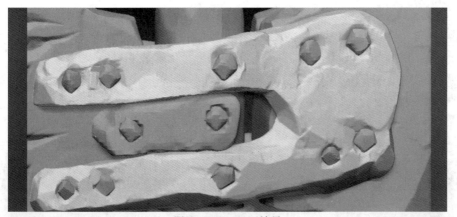

图 3.2.156　正面效果

图 3.2.157　背面效果

图 3.2.158　抛光斧柄

如图 3.2.160 所示。

　　第四步,继续绘制斧柄木纹。细心观察木纹特征并绘制出来,如图 3.2.161 所示。

　　第五步,取消独立显示,观察斧柄整体效果,对不满意的地方再微调一下,如图 3.2.162 所示。

　　第六步,布条绑带部分细化,需要绘制遮罩,遮住其他地方再细化调整,如图 3.2.163

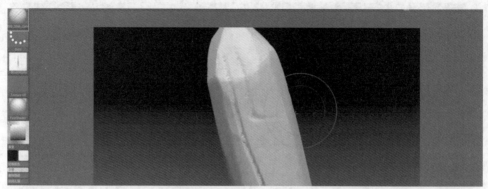

图 3.2.159　斧柄木纹制作

图 3.2.160　开启 Lazy Mouse 笔刷轨迹防抖功能

图 3.2.161　斧柄木纹效果

所示。

　　第七步，布条绑带部分细化完成，如图 3.2.164 所示。

　　第八步，木片部分细化肌理质感，如图 3.2.165 所示。第九步，最后是底部金属圆环部分肌理细化，这样战斧高模就制作完成了，如图 3.2.166 所示。

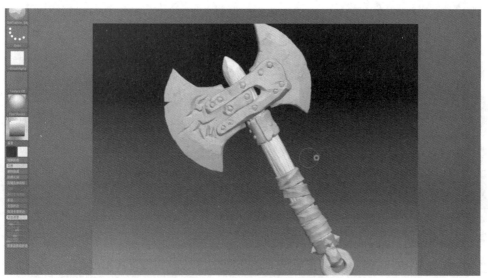

图 3.2.162 战斧整体效果调整

图 3.2.163 绘制遮罩

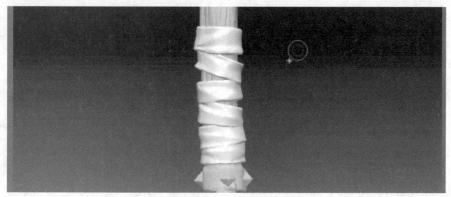

图 3.2.164 布条绑带部分细化完成

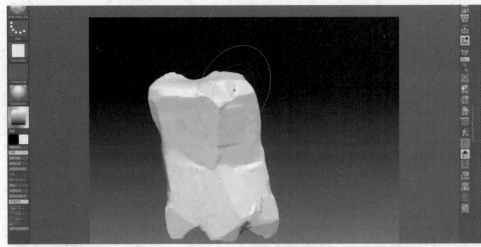

图 3.2.165　木片部分细化肌理质感

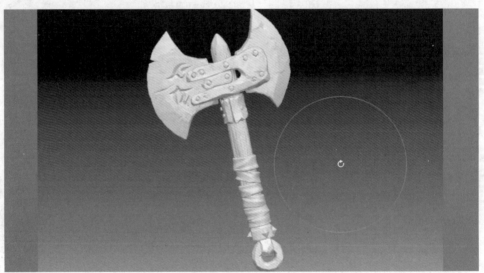

图 3.2.166　底部金属圆环部分肌理细化

3.3　拓扑低模

知识点：

- 高模分组整理
- Z球拓扑的流程
- 拓扑布线的技巧
- 高低模型的导出

可能很多读者会有疑问，高模效果很好了，为什么要再拓扑低模呢？这是因为计算机的运算能力是有限的，尤其对于游戏来说，如果游戏的模型资源太大，这个游戏无疑会非常卡，游戏体验就会很差。但是，没有高模，模型的细节和质感就达不到要求，所以就有了现在的高低模拓扑烘焙的工作流程。使用 ZBrush 软件制作的高模可以得到更多的结构细节,做低模是为了便于绑定骨骼做动画和节省游戏资源。有了高模,可以烘焙出带有凹凸信息的法线贴图再赋予低模用,让低模以更少的面数展现更多的细节质感。

　　一般情况下,使用高模拓扑后的低模更契合高模的结构,烘焙效果更好。如果最终的高模和低模变化不多,则可以低模到高模流程(如前面大门的硬表面建模流程);如果是软表面,或者模型结构细节变化较大、较复杂,一般是先高模再拓扑低模(如战斧案例)。拓扑的优势在于,拓扑后的低模加贴图效果较好,且贴图制作处理软件众多,极为灵活、便利,游戏资源需要低模加贴图这种不占资源的模型形式。

　　本案例战斧低模的拓扑可以拆分成三部分:斧头刀刃、斧头中间连接铁块、斧柄。

3.3.1　斧头刀刃的低模拓扑

　　首先,打开前面已经做好的战斧高模,在子工具里选择两个斧子刀刃层,如图 3.3.1 所示。

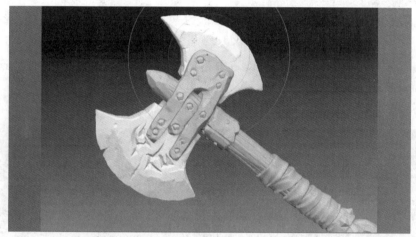

图 3.3.1　打开战斧高模

第一步,选择两片斧头刀刃,在右边工具栏点击生成 PM3D,如图 3.3.2 所示。

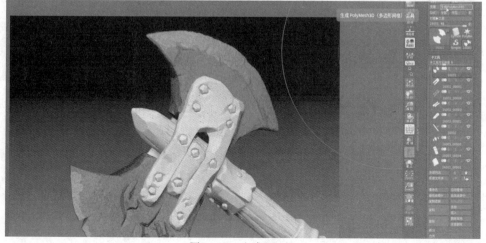

图 3.3.2　生成 PM3D

第二步，点击之后，会生成一个只有斧子刀片的模型，之前完整的有14个子工具的斧子在旁边，可以进行切换，要进行拓扑的模型部分，都会使用这样的方式进行分离，如图3.3.3所示。

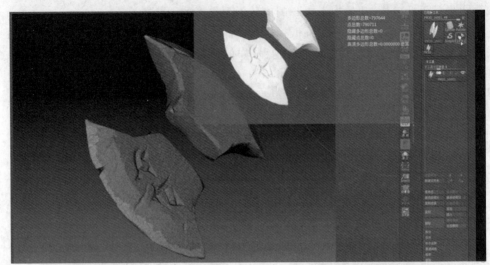

图3.3.3　两个模型对比

第三步，创建Z球。取消网格显示，在右边的工具栏点击，会弹出一些快速选择工具，选择ZSphere（Z球），如图3.3.4所示。

接下来，将使用Z球，对斧头高模进行低模的拓扑制作。

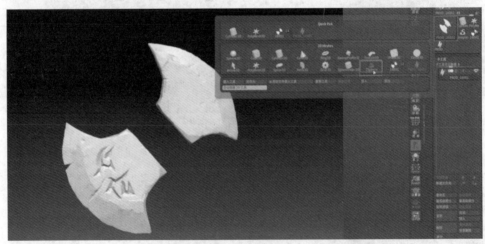

图3.3.4　创建Z球

第四步，Z球创建完成，视图中会出现一个红色的球。在右边工具栏的骨骼下点击选择网格按钮，在弹出的窗口中选择新建的斧子片模型，注意不要选右上角有14数字的斧子，如图3.3.5所示。

第五步，红球里会出现半透明的斧头，因为斧头模型太小，所以完全被Z球包裹，如图3.3.6所示。

第六步，点开骨骼下面的拓扑，点击编辑拓扑，斧头的模型以灰色显示，如图3.3.7所示。

图 3.3.5 选择网格按钮

图 3.3.6 半透明显示斧子

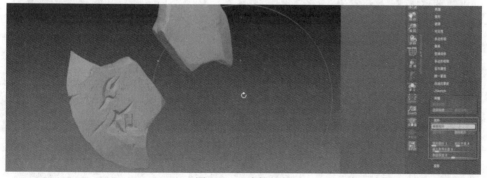

图 3.3.7 编辑拓扑

第七步,在斧子表面点击,点击一下就会在斧子表面生成一个点,接着点击第二下会生成一条线,像图上那样连续绘制 4 条线,就会形成一个闭合路径的四边形,如图 3.3.8 所示。

第八步,绘制第二个四边形之前需要确认起始点,按住 Ctrl 键,点击想要绘制下一个四

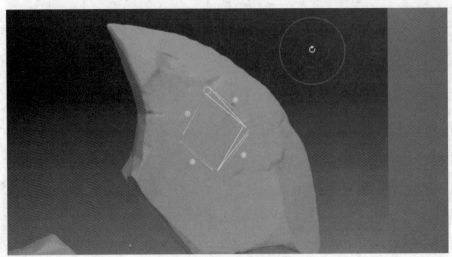

图 3.3.8　绘制第一个四边形

边形的顶点，如图 3.3.9 所示。注意：如果是对称模型，绘制拓扑时，可以开启对称，以减少一半工作量。

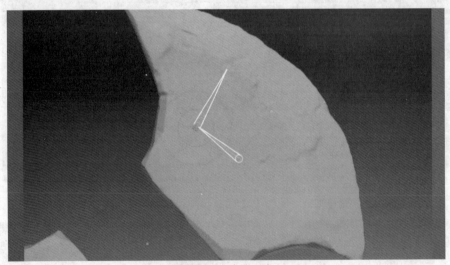

图 3.3.9　确认顶点

第九步，使用同样的方法，点击绘制第二个四边形，如图 3.3.10 所示。

第十步，在右边属性面板的自适应蒙皮下点击预览，可以看到刚创建的两个四边形，如图 3.3.11 所示。

第十一步，按照低模布线方法继续绘制，使用顶部移动工具，可以调整顶点位置，如图 3.3.12 所示。

第十三步，如果想删除一条边，可以先在该边中间添加一个点，然后按 Alt 键点选这个点，就可以删除该边，这是个人实践过最方便的删除边的方法，如图 3.3.13 所示。

第十四步，继续完成斧子片的拓扑，完成后的效果如图 3.3.14 所示。开启预览效果，如图 3.3.15 所示。

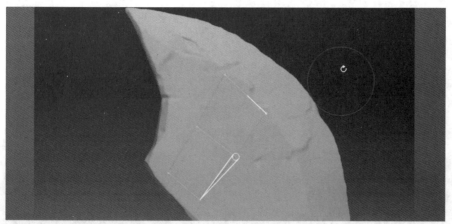

图 3.3.10 绘制第二个四边形

图 3.3.11 预览两个四边形

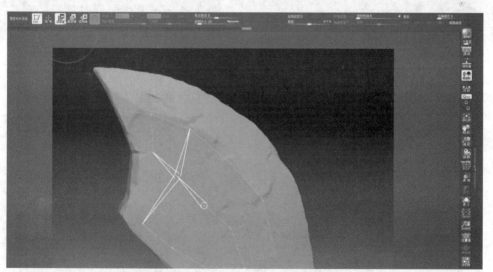

图 3.3.12 使用顶部移动工具调整布线

第十五步，完成正反面拓扑，再进行侧面连线，就可以完成拓扑，如图 3.3.16 所示。

第十六步，开启对称，使用同样的方法完成另一片斧头的低模拓扑，如图 3.3.17 所示。

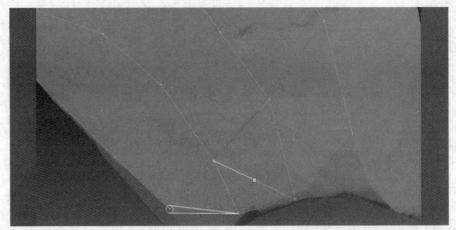

图 3.3.13　删除边线

图 3.3.14　拓扑效果

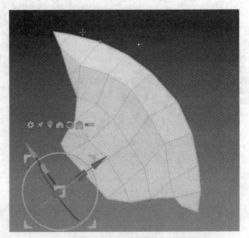

图 3.3.15　拓扑预览

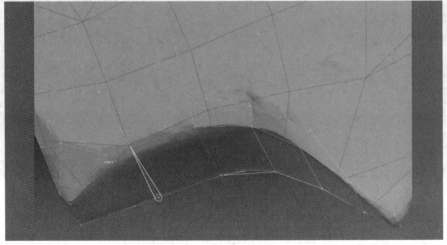

图 3.3.16　侧面拓扑

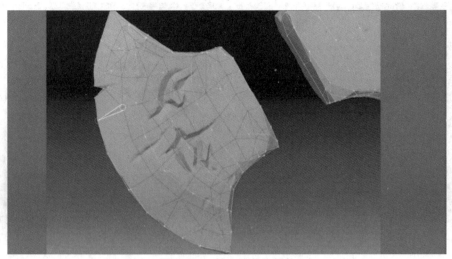

图 3.3.17 另一片斧头拓扑

第十七步，预览模式，默认设置看到的是拓扑的最低面数的低模效果，如图 3.3.18 所示。

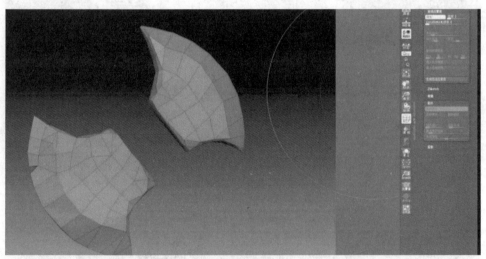

图 3.3.18 预览模式

第十八步，高模适配投影。开启投影，将自适应蒙皮密度调成5，点击预览，如图 3.3.19 所示。

第十九步，如果预览效果没问题，点击自适应蒙皮下的生成蒙皮，就会生成一个以 Skin 开头的斧头拓扑文件，斧头片部分的低模拓扑就完成了，如图 3.3.20 所示。

第二十步，打开战斧高模，选择斧头，点击生成 PM3D，将斧头片高模导出，如图 3.3.21 和图 3.3.22 所示。

3.3.2 斧头中间连接铁块的低模拓扑

第一步，选择连接斧头的中间铁块，在右边工具栏点击生成铁块 PM3D，如图 3.3.23 所示。

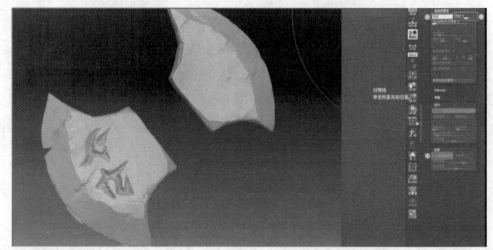

图 3.3.19　高模匹配效果预览

图 3.3.20　生成蒙皮

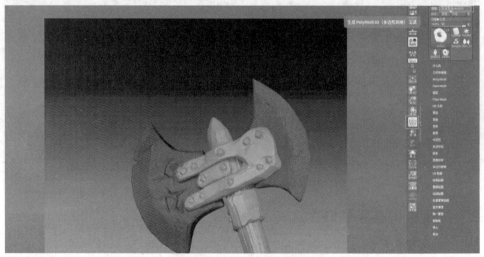

图 3.3.21　点击生成 PM3D

图 3.3.22 生成后的高模文件

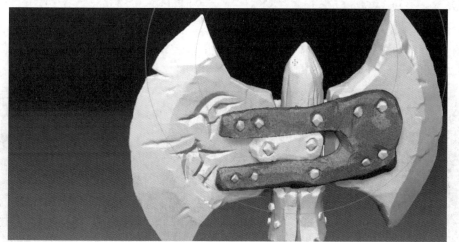

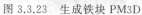

图 3.3.23 生成铁块 PM3D

第二步，选择铆钉层，或按住 Alt 键点击铆钉，可以快速选择模型，生成铆钉 PM3D，如图 3.3.24 所示。

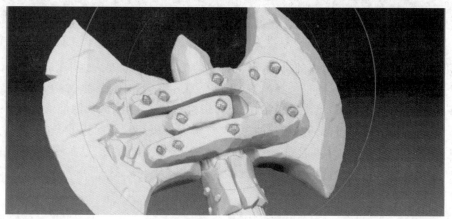

图 3.3.24 生成铆钉 PM3D

　　第三步，中间部分共生成 4 个物件，需要进行合并。先打开生成的其中 1 个模型，然后点击追加，在弹出的窗口依次将其他 3 个模型追加进来，如图 3.3.25 所示。

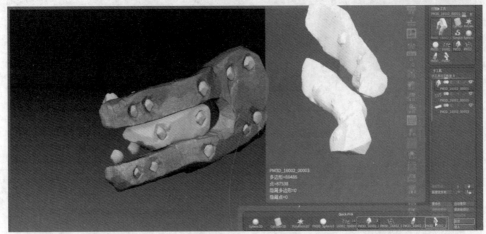

图 3.3.25　追加模型

　　第四步，然后将追加进来的 4 个物件进行合并。点击"合并"→"合并可见"即可完成，如图 3.3.26 所示。

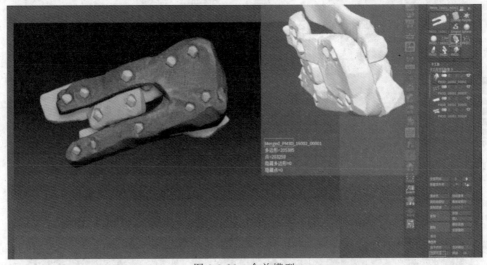

图 3.3.26　合并模型

　　第五步，打开合并完后生成的模型，点击右边的工具，选择 Z 球，如图 3.3.27 所示。

　　第六步，在右边骨骼下，点击选择网格，选择合并后的模型，如图 3.3.28 所示。

　　第七步，在右边拓扑下，点击编辑拓扑，就可以进行低模的拓扑，如图 3.3.29 所示。

　　第八步，使用前面学习的斧头拓扑的方法，点击模型表面绘制四边形，进行拓扑。可以先绘制布线，再使用移动工具调整布线，按 Alt 键可以删除错误的布线，如图 3.3.30 所示。

　　第九步，注意铆钉部分低模不需要单独制作，可以参照图 3.3.31 所示的布线方法进行整体拓扑。

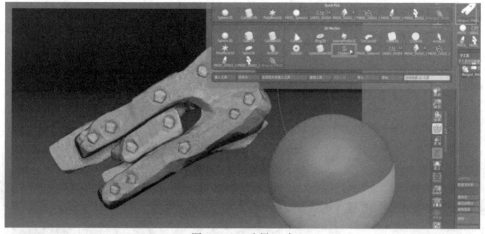

图 3.3.27 选择 Z 球

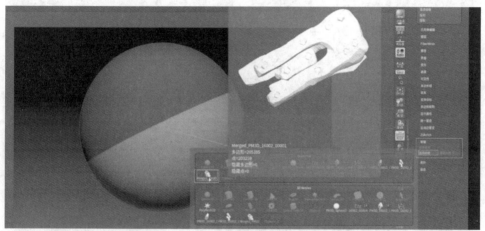

图 3.3.28 选择合并后的模型

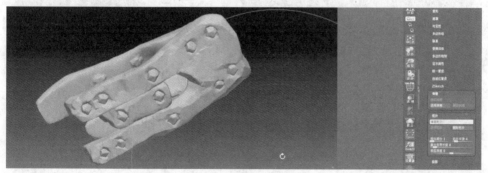

图 3.3.29 点击编辑拓扑

第十步,仔细根据模型结构拓扑布线,过程比较长,要有耐心,拓扑后的效果如图 3.3.32 和图 3.3.33 所示。

第十一步,若预览没有问题,则点击生成 Skin 物体,完成中间铁块低模的拓扑制作,如图 3.3.34 所示。

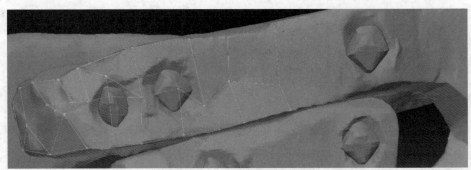

图 3.3.30　开始拓扑模型

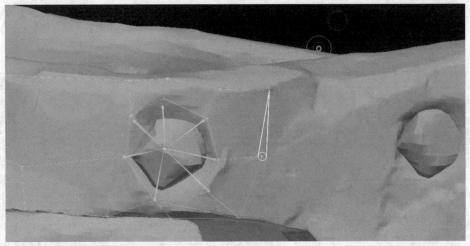

图 3.3.31　铆钉拓扑

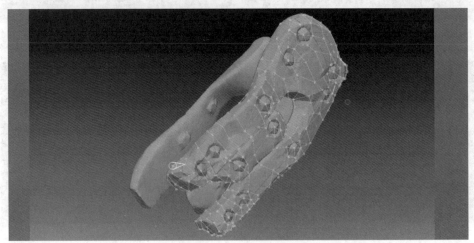

图 3.3.32　正面拓扑完成

　　第十二步，打开此物体的高模，然后点击右边工具栏的导出，导出高模，如图 3.3.35 所示。

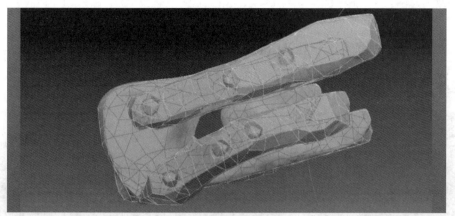

图 3.3.33　全部拓扑完成

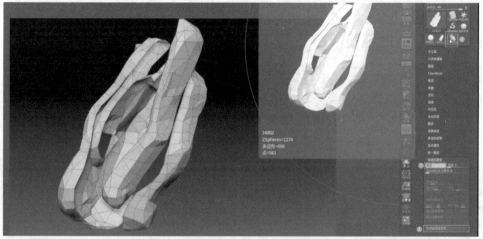

图 3.3.34　生成拓扑的低模

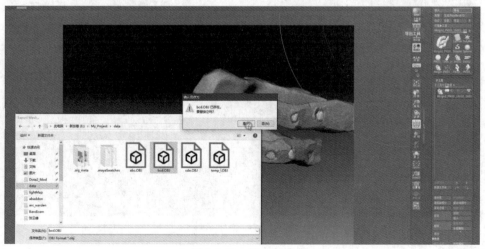

图 3.3.35　导出高模

3.3.3 斧柄的低模拓扑

打开斧子高模源文件，斧柄在子工具里共有5部分，分别是木棍、装饰木片、布条绑带、铆钉及铁环。拓扑斧柄部分的低模，需要将5部分进行合并，将其余部分隐藏；然后在下面的合并模块选择合并可见，生成一个新的斧柄模型，如图3.3.36所示。

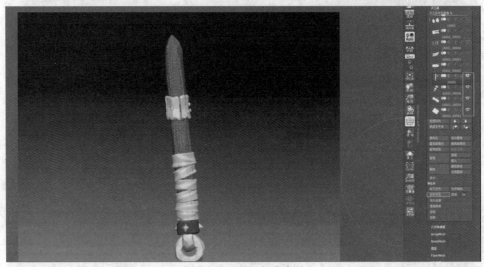

图3.3.36 斧柄部分合并

第一步，打开合并后生成的模型（以Merged开头命名的物体），可以看到合并后子工具里只有一个物体。

然后，在工具面板里点击，创建Z球，如图3.3.37所示。

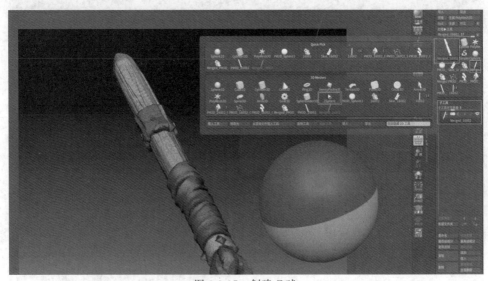

图3.3.37 创建Z球

第二步，选择要拓扑的模型。在右边的骨骼模块点击选择网格，选择合并后的斧柄，如图3.3.38所示。

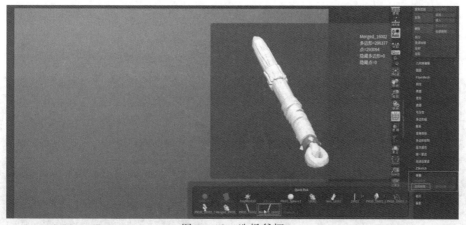

图 3.3.38 选择斧柄

第三步,点击拓扑面板中的编辑拓扑,就可以开始拓扑斧柄低模了,如图 3.3.39 所示。

图 3.3.39 点击编辑拓扑

第四步,点击 X,开启对称,开始拓扑斧柄低模。可能读者有疑问,斧柄并不对称? 是的。开启对称可以提高工作效率,创建完成后,使用移动工具进行差异化调整就可以,如图 3.3.40 所示。

图 3.3.40 开始拓扑斧柄低模

第五步，仔细根据模型起伏结构和模型布线规范进行拓扑布线。注意，凹陷处的小结构不需要制作凹陷，除非这个凹陷在结构的外轮廓处，因为小的凹陷结构，法线贴图会较好地表现，如图 3.3.41 所示。

图 3.3.41　进行拓扑布线

第六步，注意拓扑到对称中间线处时需要先关闭对称再拓扑。所以，把其他部分以对称的方式先拓扑，最后关闭对称，拓扑对称位置，使用移动工具调整对称的另一半模型布线，如图 3.3.42 所示。

> **小提示：**
> - 按住 Ctrl 键并点击可以准确捕捉到顶点；
> - 按住 Alt 键并点击可以删除顶点；
> - 使用移动工具可以调整顶点的位置。

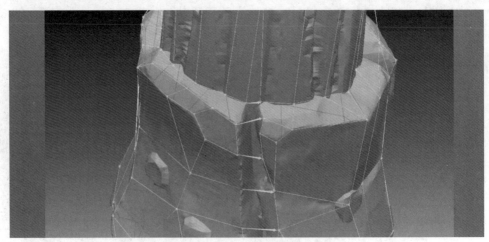

图 3.3.42　调整拓扑

第七步，斧柄上半部分差不多拓扑完成，如图 3.3.43 所示。为防止软件出错，可以经常保存一下文件。

图 3.3.43 上半部分拓扑效果

第八步,拓扑到布条绑带时,注意沿着布条横截面的轮廓拓扑,如图 3.3.44 所示。

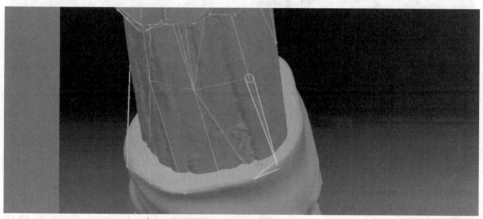

图 3.3.44 布条拓扑

第九步,每条布条可以分成两段拓扑,能够表现凹凸,凹陷结构可以直接连接,如图 3.3.45 所示。

第十步,布条绑带拓扑完的效果,如图 3.3.46 所示。

第十一步,继续拓扑底部铁环结构,如图 3.3.47 所示。全部拓扑完成后预览拓扑效果,如图 3.3.48 所示。

第十二步,若预览没有问题,则点击自适应蒙皮下的生成自适应蒙皮按钮。拓扑全部完成后,查看生成的模型效果,如图 3.3.49 所示。

如果预览发现模型出现缺面等问题,则需要返回拓扑,检查该位置的拓扑网格、布线是否规范。布线要求只能是 3 或 4 边形,一时超过 4 边形,可能会出现错误;检查点有无错误,若有问题,则需要修复,之后再预览,直到问题全部修复为止。

第十三步,斧柄高模导出。打开前面合并完成的斧柄高模,在右边的属性面板点击导出,保存格式为.obj,如图 3.3.50 所示。

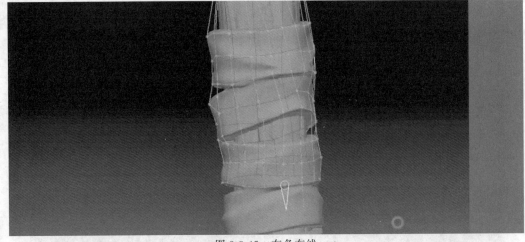

图 3.3.45　布条布线

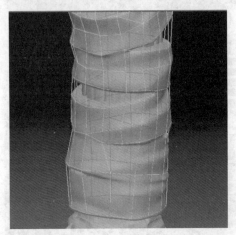

图 3.3.46　布条完成

图 3.3.47　铁环拓扑

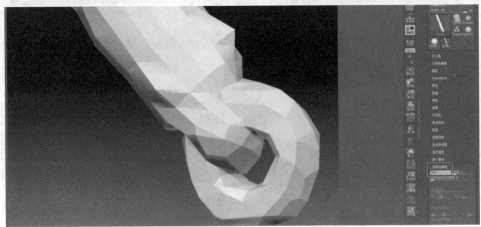

图 3.3.48　预览拓扑效果

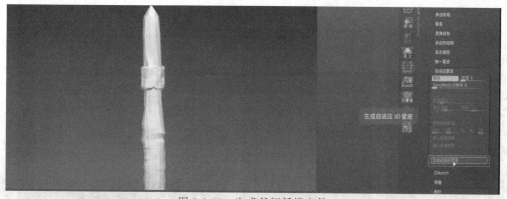

图 3.3.49 生成斧柄低模文件

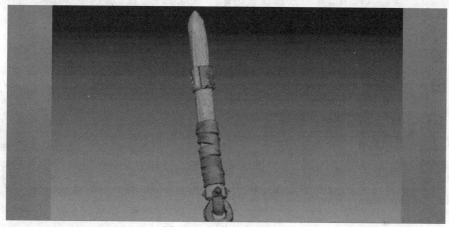

图 3.3.50 斧柄高模导出

3.4 低模 UV 拆分

知识点：
- 了解 UV 大师软件
- 掌握模型分组展 UV 的方法
- 掌握 UV 的合并整理方法

雕刻完成的模型需要 UV 坐标，告诉 3D 应用程序如何在模型上使用纹理贴图。目前，UV 的制作过程仍然是一个耗时的过程，且需要高超的技术，这常常会限制用户的创造力。但是，ZBrush 有免费的 UV 大师插件，可以帮助用户以最简单的操作高效地制作 UV。艺术家可以简单快速地创建高质量的 UV，加速数字艺术创作的过程。

下面继续以战斧项目为例，讲解 UV 大师展 UV 的常用方法与操作实践。

3.4.1 斧柄部分的 UV 展开

第一步，斧柄低模拆 UV。打开拓扑好的斧柄低模文件，在 Z 插件菜单下打开 UV 大师插件，点击展开，即可自动展开斧柄 UV；再点击平面化，可以查看 UV 展开效果，如图 3.4.1～

图 3.4.3 所示。

  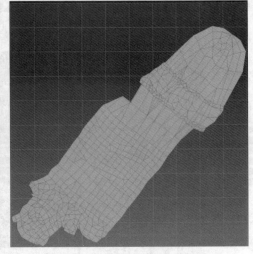

图 3.4.1　展开　　　　图 3.4.2　平面化　　　　　图 3.4.3　展开的 UV 图

第二步，如果模型 UV 希望按照不同质感分成不同的组拆分，则需要先给低模模型分组。

可以使用"选择隐藏"操作，按 Ctrl＋Alt＋Shift＋套索，选中斧柄上半部分，如图 3.4.4 所示。

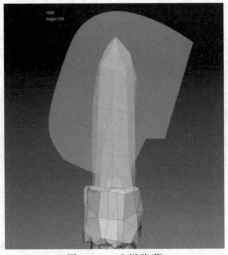

图 3.4.4　选择隐藏

第三步,反选选区,快捷操作是按 Ctrl 键并在空白处点击,这样就只显示斧柄的上半部分。在右边的多边形组属性面板点击可见多边形按钮,就可以对选中的多变形进行分组了,如图 3.4.5 所示。

第四步,同样使用遮罩选择的方法将要分组的多变形先隐藏,再反选,然后分组,如图 3.4.6 所示。

图 3.4.5　多变形分组

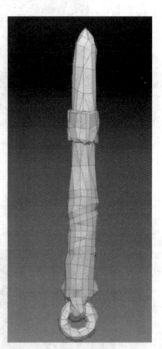

图 3.4.6　分组

第五步,完成分组后,用 UV 大师激活多边形组的模式展开 UV,点击平面化显示 UV,如图 3.4.7 所示。

第六步,导出模型。斧柄的 UV 拆分完成后,点击右边工具面板下的导出,将拓扑好的带 UV 的斧柄低模导出,导出.obj 格式,如图 3.4.8 所示。

经过简单几步制作,斧柄的 UV 就展好了。

ZBrush 的 UV 大师插件非常好用,操作简单、高效,非常棒!

第七步,导出斧柄高模。打开斧柄高模,点击右边工具栏中的导出按钮,导出格式为.obj,如图 3.4.9 所示。

3.4.2　斧头中间铁块的 UV 展开

第一步,先打开斧头中间铁块部分拓扑完的低模,在 Z 插件菜单下选择 UV 大师插件,使用默认设置,点击展开,为铁块模型创建 UV 贴图,如图 3.4.10 所示。

第二步,查看 UV 展开效果。在 Z 插件的 UV 大师下点击平面化即可查看,如图 3.4.11 和图 3.4.12 所示。

第三步,低模导出。展开 UV 后,点击右边工具栏中的导出按钮,导出格式为.obj,如图 3.4.13 所示。

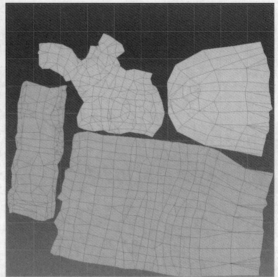

图 3.4.7　按组拆分 UV 效果

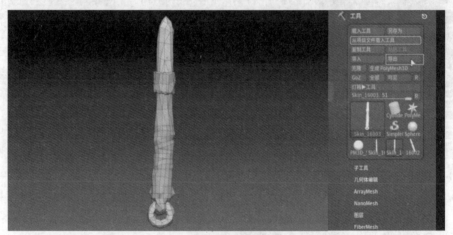

图 3.4.8　斧柄低模导出

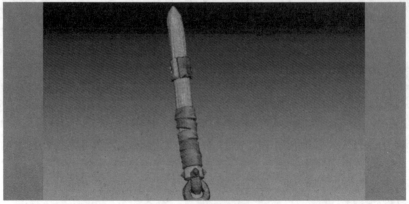

图 3.4.9　斧柄高模导出

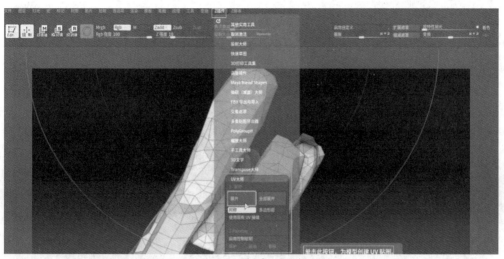

图 3.4.10 创建 UV 贴图

图 3.4.11 点击平面化

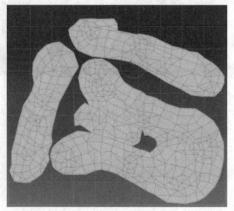

图 3.4.12 UV 展开效果

3.4.3 斧头部分的 UV 展开

第一步,打开斧头拓扑完的低模,为了防止 UV 展开过程对模型造成损害,在 UV 大师插件下点击"处理克隆"按钮,对生成一个一样的模型进行 UV 展开操作,如图 3.4.14 所示。

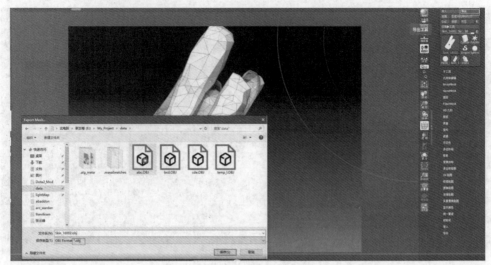

图 3.4.13　模型导出

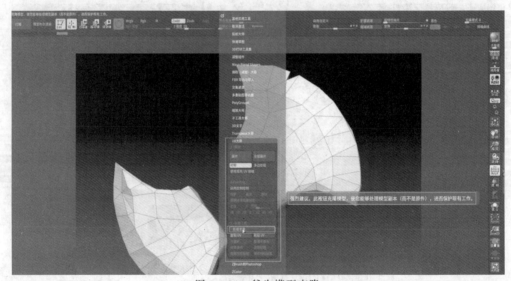

图 3.4.14　斧头模型克隆

　　第二步，打开生成的以 CL 开头的斧头模型，在 Z 插件菜单下选择 UV 大师插件，使用默认设置，点击展开，为斧头模型创建一套自动展开的 UV 贴图，再打开平面化，查看 UV 展开效果，如图 3.4.15 所示。

　　可以看到，使用默认设置，自动展开的 UV 效果并不理想，可尝试使用其他方法再展开 UV。

　　第三步，关闭平面化显示，再尝试以多边形分组的方式展开 UV。

　　在右边多边形组模块先点击自动分组，模型被简单分成 2 组，如图 3.4.16 所示。

　　第四步，继续使用绘制隐藏遮罩的方法，选中斧头的一个侧面的多边形，如图 3.4.17 和图 3.4.18 所示。

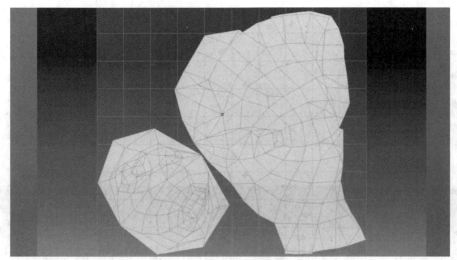

图 3.4.15　默认自动展开效果

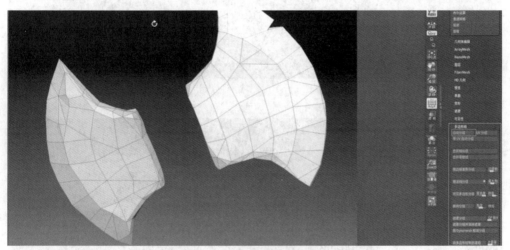

图 3.4.16　默认自动分组

图 3.4.17　绘制隐藏遮罩(一)

　　第五步,点击多边形组模块下的可见多边形分组,该部分就完成了分组,如图 3.4.19
所示。

　　第六步,取消其他部分隐藏,按 Ctrl+Shift 组合键并框选,不同分组显示不同颜色,如
图 3.4.20 和图 3.4.21 所示。

　　第七步,使用同样的方法,将另一半斧头进行分组,可以看到分成了 4 组 4 个颜色,如

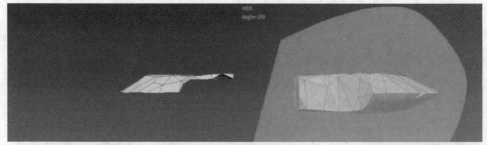

图 3.4.18　绘制隐藏遮罩(二)

图 3.4.19　多边形分组

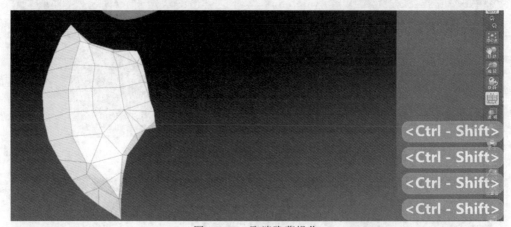

图 3.4.20　取消隐藏操作

图 3.4.22 所示。

第八步,启动 UV 大师的多边形组,点击展开,再点击平面化,查看 UV 拆分,如图 3.4.23 和图 3.4.24 所示。

第九步,前面的 UV 是在斧头克隆模型上制作的,需要在 UV 大师插件下复制 UV,如图 3.4.25 所示。

第十步,切换到以 Skin 开头的斧头,打开 UV 大师,点击粘贴 UV,之后点击平面化,如图 3.4.26 和图 3.4.27 所示。

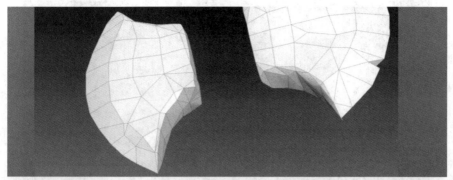

图 3.4.21 颜色区分分组

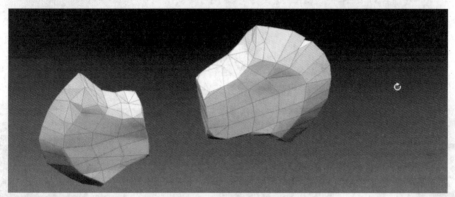

图 3.4.22 斧头分组

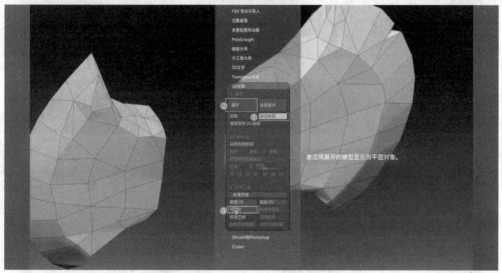

图 3.4.23 斧头分组

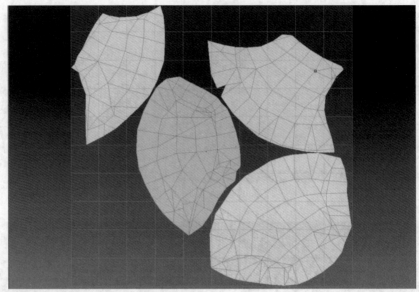

图 3.4.24　UV 分组拆分效果

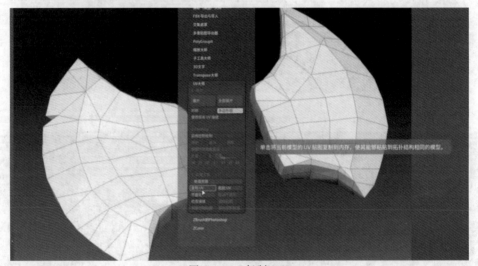

图 3.4.25　复制 UV

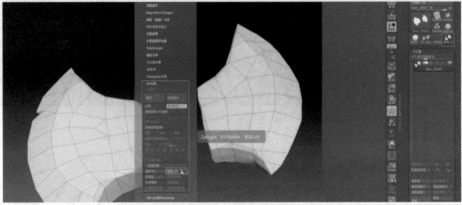

图 3.4.26　粘贴 UV

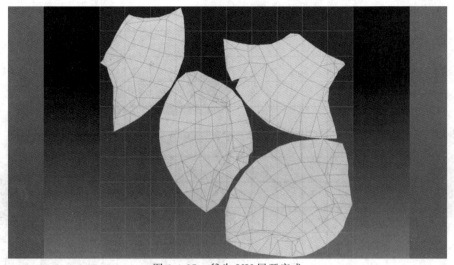

图 3.4.27　斧头 UV 展开完成

3.5　法线贴图烘焙

知识点：

- 高低模型的导入及设置
- 模型的合并及整理
- 模型 UV 的合并及调整
- 法线贴图的烘焙技法
- 法线贴图的合并处理

在进行高低模的贴图烘焙之前，需要在 3ds Max 软件中对模型及其 UV 进行一定的整理。对战斧的模型需要进行合并整理，合并后斧头的 UV 也需要合并和调整；斧柄部分也需要进行一定的整理，最后，才能进行高低模法线贴图的烘焙工作，让低模呈现出与高模基本一样的细节效果。

本节先以斧头为例，讲解法线贴图烘焙的基本流程方法，再进行整个战斧案例的贴图烘焙实践。

3.5.1　法线烘焙的基本流程方法

1. 高低模型的导入

第一步，导入斧头模型的低模。打开 3ds Max 软件，在"文件"菜单下选择"导入"，如图 3.5.1 所示。

第二步，选择斧头刀刃模型的低模，导入设置，如图 3.5.2 所示。

> **注意**：需要勾选"作为一个单独的模型导入"复选框，这样可便于后续操作，其他保持默认设置即可。

第三步，导入斧头模型的高模。采取同样的方法，在"文件"菜单下选择"导入"，如

图 3.5.3 所示。

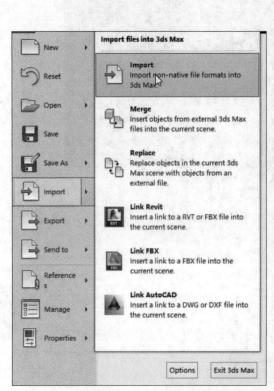

图 3.5.1 导入

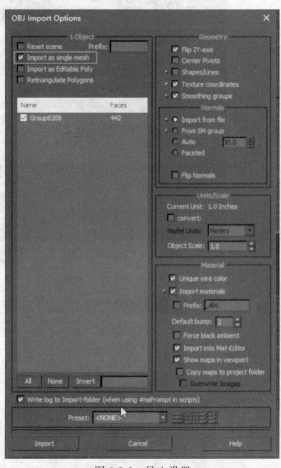

图 3.5.2 导入设置

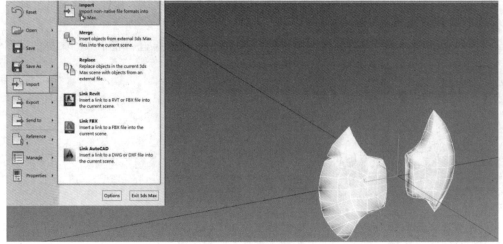

图 3.5.3 导入高模

第四步,选择斧头的高模模型,导入设置与跟低模导入的设置相同,高模导入后,如图 3.5.4 所示。

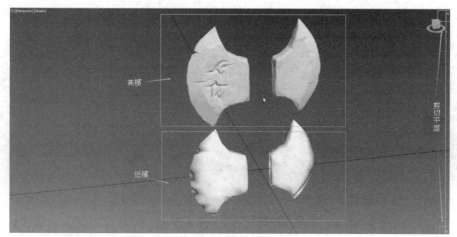

图 3.5.4 高低模导入成功

由于战斧模型比较小,放大时摄像机距离很近 ,就被剪切掉,看不到了,可以通过调整右边的上下两个剪切平面的滑块,调整摄像机的最近剪切距离和最远剪切距离。

第五步,分别修改斧头高低模型的命名,如图 3.5.5 所示。

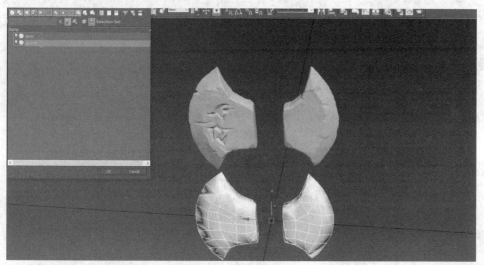

图 3.5.5 修改模型命名

2. 低模的检查与调整

第一步,调整 UV 布局。打开低模的 UV 编辑器,通过放大、旋转、移动等操作适当调整 UV 分布,使其布局更加合理,如图 3.5.6 所示。

第二步,塌陷模型保存 UV。点击鼠标右键转为可编辑多边形,可以保存调整完的 UV,如图 3.5.7 所示。

第三步,检查低模的法线。全选斧头低模所有面,添加编辑法线修改器,如图 3.5.8 所示。

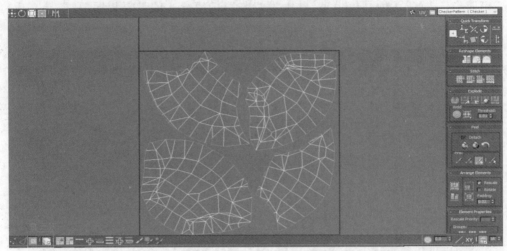

图 3.5.6　调整 UV 分布

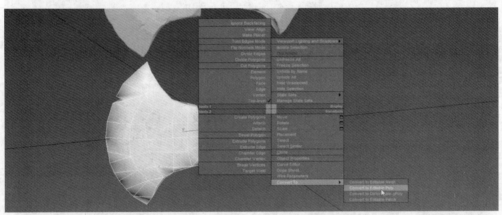

图 3.5.7　塌陷模型保存 UV

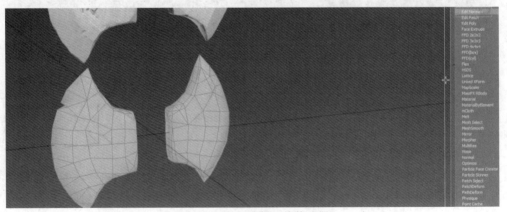

图 3.5.8　添加编辑法线修改器

　　第四步，修复法线。在编辑法线修改器点击 Reset，重置法线，如图 3.5.9 所示。最后，点击右键塌陷为多边形。

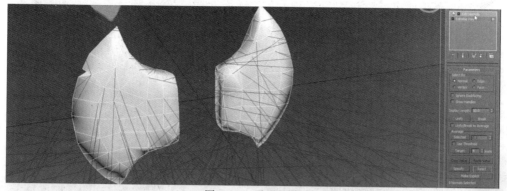

图 3.5.9　重置法线

第五步,调整光滑组。在光滑组模块,点击清除光滑组,斧头变成硬表面效果,如图 3.5.10 所示。

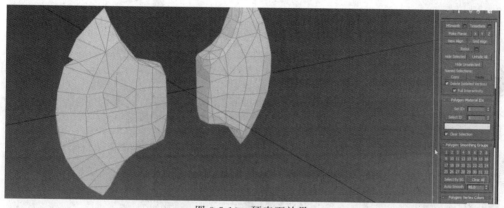

图 3.5.10　硬表面效果

第六步,在光滑组模块,选中斧头低模所有面,全部设置为 1 个光滑组,设置完成后的光滑效果如图 3.5.11 所示。

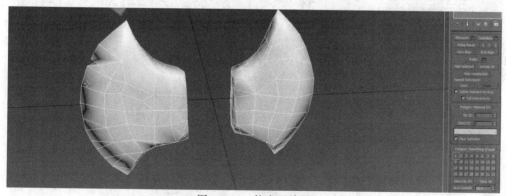

图 3.5.11　软表面效果

第七步,通过以上操作,斧头低模的 UV 以及法线都进行了调整修复。这步操作很重要,正确的 UV 和法线,才能烘焙出完美的法线等贴图。否则,烘焙出的贴图可能出现各种各样的错误效果。

第八步，斧头低模模型调整完成，保存斧头模型，如图 3.5.12 所示。

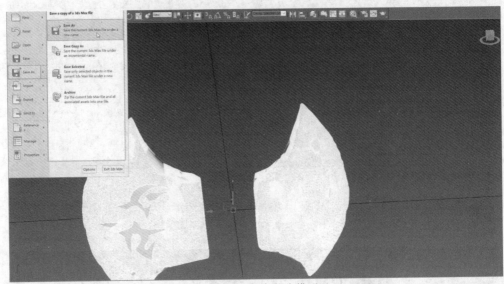

图 3.5.12　保存斧头模型

3. 高低模法线贴图的烘焙

第一步，先将高低模完全重合，在"渲染"菜单下选择渲染到贴图命令，弹出渲染贴图窗口。

先选择贴图保存路径，再确认选择的是斧头低模，然后勾选激活贴图投射，并点击右边的 Pick 选取对应的斧头高模模型，如图 3.5.13 所示。

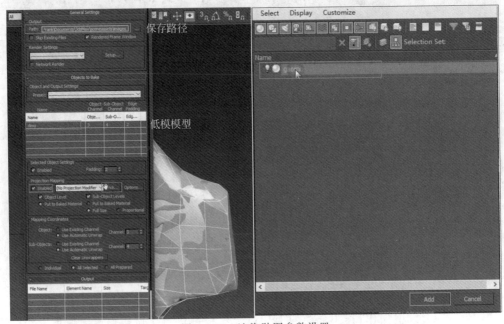

图 3.5.13　渲染贴图参数设置

第二步，这时斧头模型外出现一个蓝色的包围框，它就是 Cage，是用来控制投射范围的,需要包裹住高模,如图 3.5.14 所示。

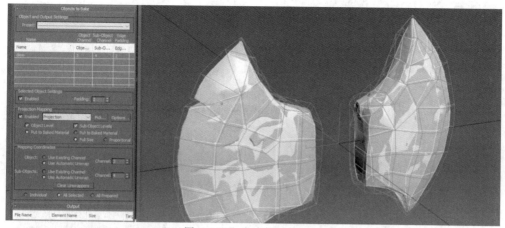

图 3.5.14　生成投影修改器

第三步,调整投射 Cage。

先点击 Reset 重置一下 Cage,然后通过调节 Push 滑块的大小数值,调整模型 Cage 的大小,让它刚好全部包裹着高模;但又不能过大,要尽量避免造成自身的交叉和变形,以免影响贴图烘焙的效果,如图 3.5.15 所示。

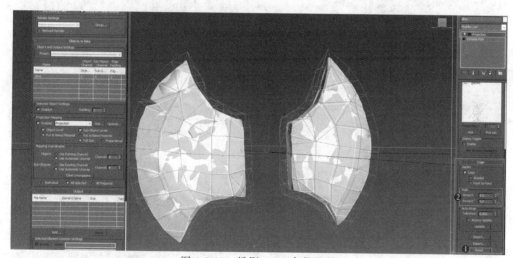

图 3.5.15　投影 Cage 参数调整

第四步,继续设置烘焙到贴图的参数,如图 3.5.16 所示。

首先,烘焙的 UV 切换成使用已有 UV,默认使用的是自动拆分的 UV;

其次,在输出设置部分点击 Add,在弹出的窗口中选择 Normal 法线贴图;

然后,设置输出的贴图尺寸为 1024 * 1024;

确认贴图生成的命名是以 dimoNormal 开头的.tga 格式的文件;

最后,都设置完成后,点击 Render 渲染按钮。

第五步,检查渲染的 Normal 法线贴图。如果烘焙完成的法线贴图上面出现红色,就说明红色区域投射有问题。斧头烘焙的这张贴图没有红色,高模的细节基本都被烘焙到贴图

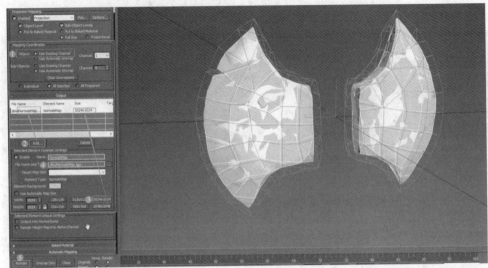

图 3.5.16　渲染输出设置

上了，如图 3.5.17 所示。

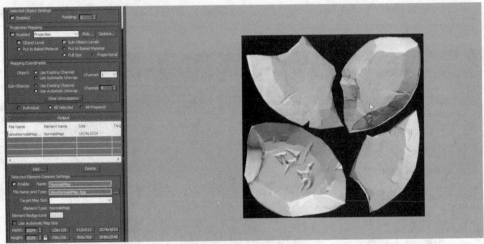

图 3.5.17　法线贴图

第六步，将高模移动到旁边，将烘焙好的 Normal 法线贴图赋予低模。

按 M 键，打开材质球，设置颜色为灰色，高光为 85，分别赋予高低模相同设置的材质球，如图 3.5.18 所示。

第七步，按 M 键，打开 Map 贴图卷展栏，勾选 Bump（凹凸），数值改成 100，将烘焙好的法线贴图拖曳到右边的 Map 条上，然后切换贴图显示为蓝色底，这样，低模便显示出与高模基本一样的细节效果，如图 3.5.19 所示。

3.5.2　战斧模型的合并与 UV 处理

为了使战斧的贴图输出为一整张，需要合并战斧低模的三部分。

本节使用 3ds Max 软件对斧子三部分的模型和 UV 进行合并处理，具体操作步骤如下。

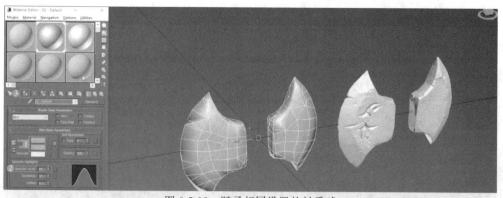

图 3.5.18 赋予相同设置的材质球

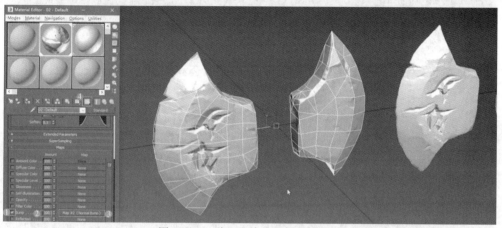

图 3.5.19 贴上法线贴图的低模效果

1. 战斧高低模型的导入

第一步，在 3ds Max 软件里，打开前面整理好的斧头部分模型，如图 3.5.20 所示。

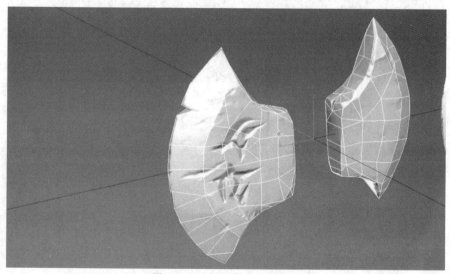

图 3.5.20 打开斧子刀刃部分

第二步，将中间铁块和斧柄的高低模型都导入进来，导入设与导入斧头的设置一样，如图 3.5.21 所示。

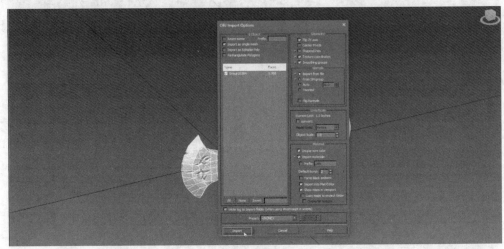

图 3.5.21　导入铁块部分低模

第三步，这样战斧的高低模型都导入到 3ds Max 了，左边是低模，右边是高模，如图 3.5.22 所示。

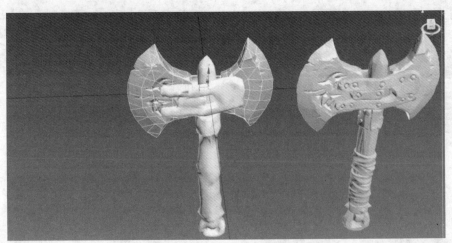

图 3.5.22　战斧高低模型导入

2. 战斧低模模型的合并

第一步，打开斧头的 UV 编辑器，里面只有斧头的 UV，斧柄等都是单独的 UV，如图 3.5.23 所示。

第二步，合并斧头、中间铁块、斧柄的三个低模模型。先选择其中一个模型，点击 Attach 附加，再选择中间铁块；然后点击 Attach 附加，再选另一个模型斧柄，完成战斧模型的合并，如图 3.5.24 所示。

3. 战斧低模的 UV 调整

第一步，在右边的属性面板，添加 UVW 展开修改器，如图 3.5.25 所示。

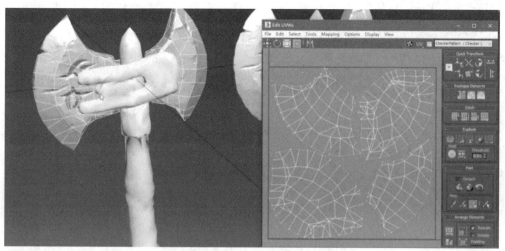

图 3.5.23　导入模型

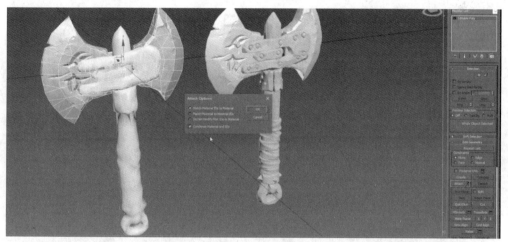

图 3.5.24　合并模型

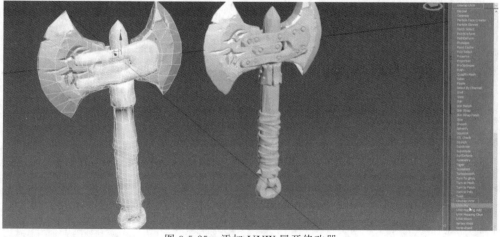

图 3.5.25　添加 UVW 展开修改器

第二步，打开 UV 编辑器，会发现三套 UV 线是重叠在一起的，如图 3.5.26 所示。

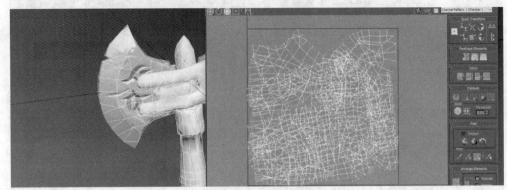

图 3.5.26　打开 UV 编辑器

第三步，调整 UV 布局。首先选择战斧所有的面，在 Tools 菜单选择 Pack UVs，之后在弹出的 Pack 面板设置参数设置，如图 3.5.27 所示。

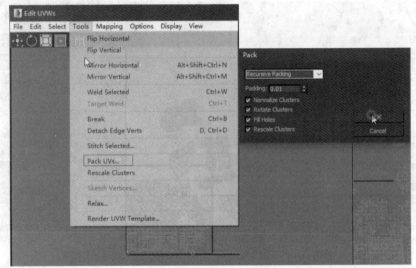

图 3.5.27　Pack UVs 设置

第四步，Pack UVs 自动排布后，战斧模型的所有 UV 就都摆放在 UV 框里了，如图 3.5.28 所示。

第五步，如果对 UV 空间要求不是十分严格，Pack UVs 自动排布后就可以了。但是，对于游戏模型来说，模型资源一定要充分利用，自动排布的 UV 空间会有一些浪费，还需要手动对 UV 进行调整。

第六步，选择战斧全部 UV 适当放大，如图 3.5.29 所示。

第七步，使用移动、旋转命令仔细摆放每一块 UV，直到全部放进 UV 框，战斧的 UV 调整完成，如图 3.5.30 所示。

小提示：UV 摆放时应注意先将主要的、面积较大的、细节丰富的部件 UV 摆放好，再将小块的、不重要部件插空填补进去，甚至，不重要的小部件可以适当缩小一点；每块 UV 岛之间要保持至少 2 像素的距离，与 UV 边界框之间也要保持 2 像素以上的距离。

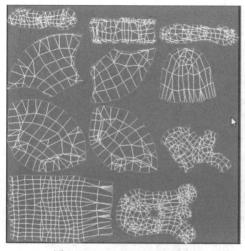

图 3.5.28 Pack 后 UV 分布

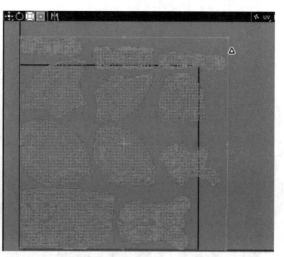

图 3.5.29 整体放大 UV

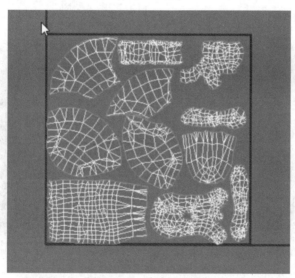

图 3.5.30 手动调整 UV

第八步,UV 整合完成,在 UVW 展开修改器右击塌陷全部(Collapse All),保存模型 UV,如图 3.5.31 所示。

3.5.3 战斧法线贴图的烘焙制作

通过前面战斧模型的合并及 UV 的调整,达到了模型 UV 整合成 1 张的目的。但是,为了法线烘焙的效果,烘焙时还需要将战斧的三个模型暂时分离出来,这样烘焙时互不干扰。可能有的读者会疑惑,烘焙时还要分开,那为什么前面还要合并呢? 合并的目的是为了斧子最终输出的是一张贴图,这张贴图是按照整合好的 UV 布局输出的。虽然法线烘焙暂时将模型进行了分离,但是 UV 的布局并没有改变,也就是说还可以拼合成一张贴图。

1. 高低模的分离与整理

第一步,选择两块斧头面,在右边的属性面板点击分离(Detach),修改命名为 dimo_

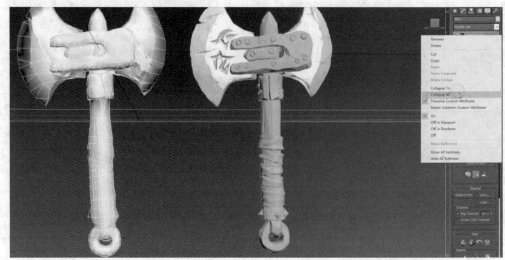

图 3.5.31 塌陷保存 UV

001，如图 3.5.32 所示。

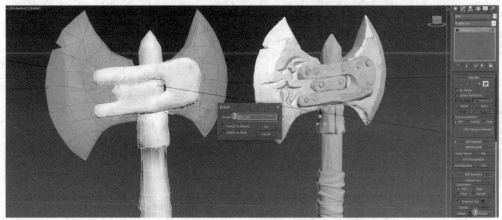

图 3.5.32 分离斧头模型

第二步，选择斧柄部分所有面，在右边的属性面板点击 Detach，修改命名为 dimo_002，如图 3.5.33 所示。

第三步，剩下的部分，直接在右边的属性面板修改命名为 dimo_003，如图 3.5.34 所示。

第四步，战斧高模部分同样需要分成对应的三部分。斧头修改命名为 gaomo_001，如图 3.5.35 所示。

第五步，斧柄部分修改命名为 gaomo_002，如图 3.5.36 所示。

第六步，中间铁块部分修改命名为 gaomo_003，如图 3.5.37 所示。

2. 法线贴图的烘焙

第一步，将斧头部分高模的坐标归 0，这样斧头的高低模就可以完全重合，如图 3.5.38 所示。

第二步，选择斧头低模，通过查看右边的命名确认选中的模型是 dimo_001，如图 3.5.39 所示。

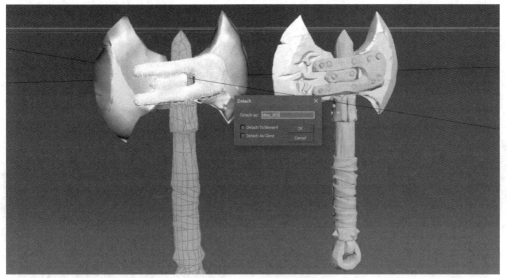

图 3.5.33　分离斧柄模型

图 3.5.34　中间铁块命名修改

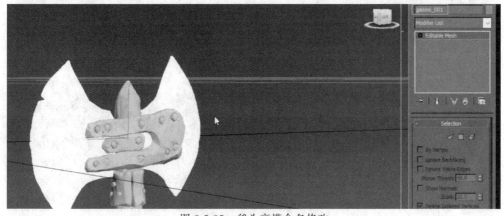

图 3.5.35　斧头高模命名修改

　　第三步,烘焙法线贴图。按快捷键 0,设置渲染参数,如图 3.5.40 所示。关于渲染参数,前面讲解,这里不再赘述。

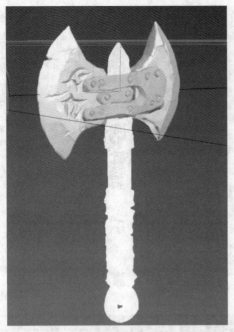

图 3.5.36　斧柄高模命名修改

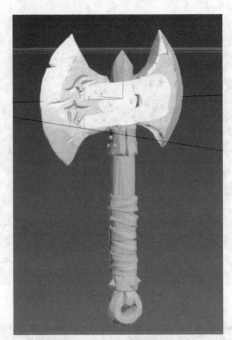

图 3.5.37　中间铁块高模命名修改

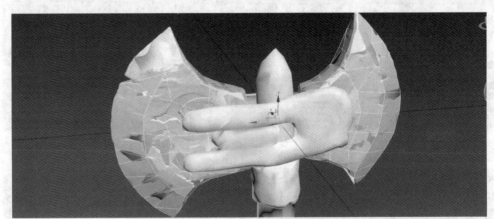

图 3.5.38　斧头高低模重合

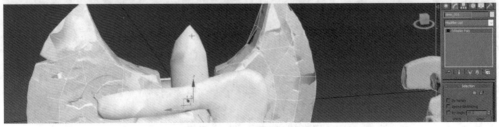

图 3.5.39　选择斧头低模

　　第四步，参数设置完成后，点击渲染。只要图上没有出现红色错误提示，法线贴图就烘焙完成，如图 3.5.41 所示。可以看到，斧头的法线贴图只占用了贴图的一部分，且是按照

图 3.5.40 烘焙法线的参数设置

UV 布局渲染的。

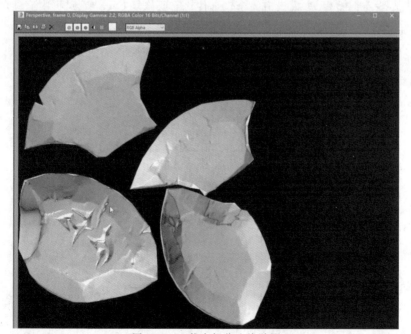

图 3.5.41 斧头部分法线贴图

第五步,使用同样的方法烘焙斧柄 dimo_002。首先,将 gaomo_002 的坐标归零,让高低模完全重合。

然后,选中 dimo_002,点击渲染到贴图命令。渲染参数设置如图 3.5.42 所示。

第六步,参数设置完后,点击渲染,渲染效果如图 3.5.43 所示。贴图如果出现红色,

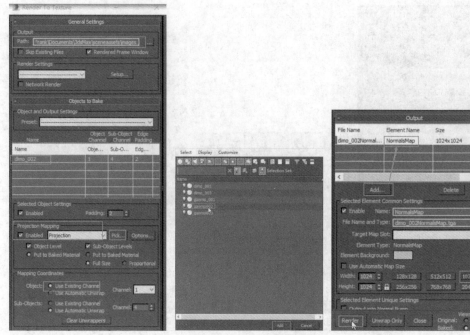

图 3.5.42　渲染参数设置

说明投射 Cage 没有调整好，高模没有完全包裹住。需要修复 Cage 参数，再次渲染烘焙法线。

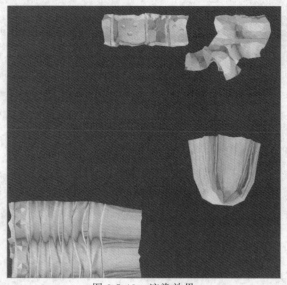

图 3.5.43　渲染效果

第七步，使用同样的方法烘焙 dimo_003 的法线贴图，设置渲染参数，如图 3.5.44 所示。首先确认选中的是 dimo_003，然后激活投影模块，选择对应的高模 gaomo_003。

若右边出现投影修改器，则需要修改 Cage 参数：先将百分比调制为最小，再将 Amount 值调为 0.005，修复 Cage 交叉问题。

第八步，渲染参数设置完成，点击渲染。dimo_003 的法线贴图效果如图 3.5.45 所示。

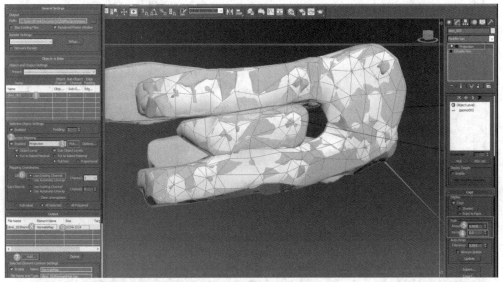

图 3.5.44　调整 Cage 大小

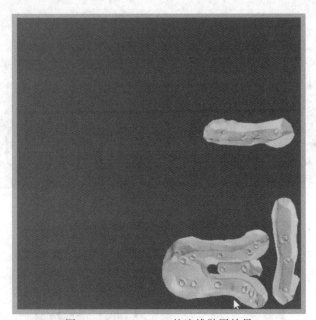

图 3.5.45　dimo_003 的法线贴图效果

3. 法线贴图的合并

第一步，打开 Photoshop 软件，将烘焙完成的以 dimo_001、dimo_002、dimo_003 命名的三张法线贴图打开，如图 3.5.46 所示。

第二步，将 dimo_002 法线贴图拖曳到 dimo_001 上，使用魔棒工具将容差参数设置为 2，选择 dimo_002 的紫色空白区域，如图 3.5.47 所示。

第三步，选中多余背景后删除，dimo_001 和 dimo_002 的法线贴图合并完成，如图 3.5.48 所示。

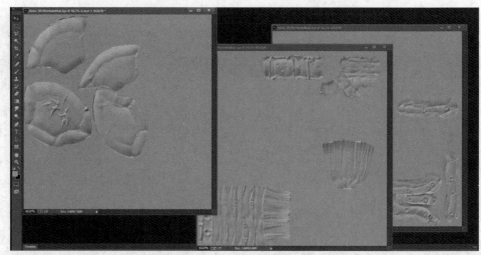

图 3.5.46　打开三张法线贴图

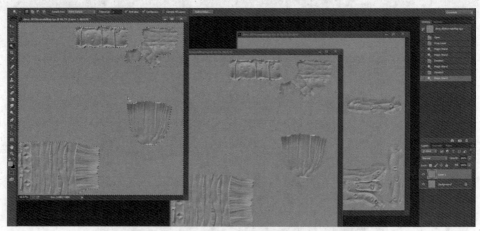

图 3.5.47　魔棒工具设置

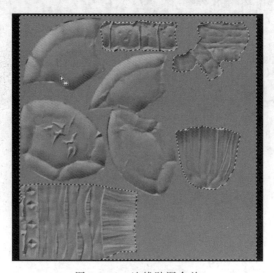

图 3.5.48　法线贴图合并

第四步,同样,将 dimo_003 法线贴图拖曳到 dimo_001 文件上,使用魔棒工具将容差参数设置为 2,选择 dimo_003 的紫色空白区域,然后删除,就完成了三张贴图的合并工作,如图 3.5.49 所示。

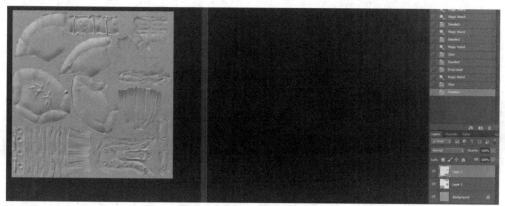

图 3.5.49　法线贴图合并完成

第五步,斧子的法线贴图合并完成,点击"文件"菜单中的"另存为",重新命名文件,保存类型设置为.TGA,如图 3.5.50 所示。

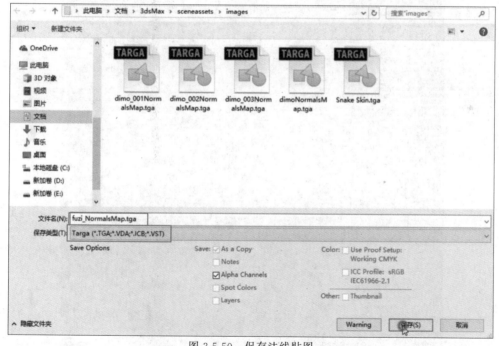

图 3.5.50　保存法线贴图

第六步,将斧子的三部分通过 Attach(附加)命令合并到一起,然后将法线贴图赋予斧子低模。按快捷键 M,打开材质球,前面已经将材质球参数设置好了,直接用合并完的斧子的法线贴图替换原来的 Bump(凹凸)通道上的法线贴图,然后赋予斧子低模。左边是低模,这时低模已经拥有了高模的细节效果,如图 3.5.51 所示。

通过法线贴图烘焙制作实践,可以看出法线贴图的重要性。法线可以以贴图的形式承

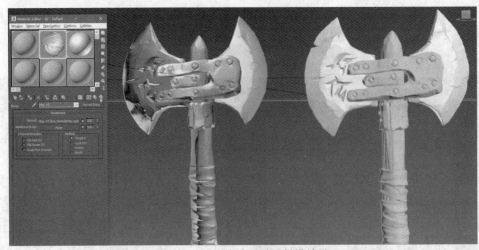

图 3.5.51　法线贴图赋予低模效果

载几十万面的高模上绝大多数的细节，这样可以大大提升低模的视觉效果，如图 3.5.52 所示，同时又最大限度地节省了美术资源的耗能，因此是目前游戏行业常用的三维游戏建模的制作方法。

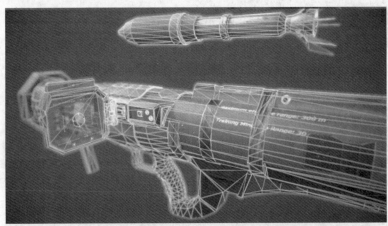

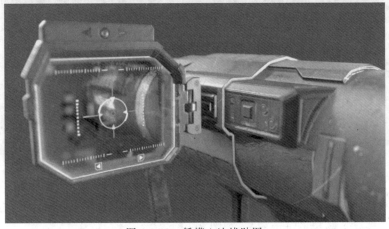

图 3.5.52　低模＋法线贴图

3.6 固有色贴图绘制

知识点：
- 聚光灯基本功能介绍
- 模型的合并及整理
- 模型 UV 的合并及调整
- 法线贴图的烘焙技法

前面介绍了在 ZBrush 里完成高模的雕刻、低模的拓扑、UV 的拆分，以及 3ds Max 的法线贴图烘焙，本节介绍使用 ZBrush 的聚光灯＋手绘的方式制作颜色贴图的基本方法与技巧，完成战斧的颜色贴图的绘制工作。

ZBrush 聚光灯是很有特色的又非常实用的贴图制作工具，下面先了解一下聚光灯的基本功能。

3.6.1 ZBrush 聚光灯功能介绍

1. 创建一个基本形体

创建一个基本几何形体，可以根据个人喜好创建任意几何形体，本案例创建的是立方体，创建完成后，按 T 键启用编辑模式，点击生成 PM3D，如图 3.6.1 所示。

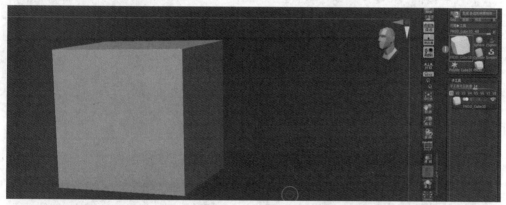

图 3.6.1 创建立方体

2. 导入投射图片

第一步，在"纹理"菜单下点击"导入"，本案例提供了 2023 年央视春晚的兔子吉祥物图片，选择兔子图片，双击打开。如图 3.6.2 所示。

第二步，再次打开"纹理"菜单，先选择刚导入的兔子图片，再点击"添加聚光灯"按钮，如图 3.6.3 所示。

第三步，这时兔子图片出现在视图，并出现了一个圆环，这就是聚光灯的工具环，如图 3.6.4 所示。

图 3.6.2 导入图片

图 3.6.3 选择图片

图 3.6.4 加载图片

3. 聚光灯的操作方式及主要功能

1）聚光灯的操作方式

- 图片的移动：点击图片任意位置，都可以直接移动图片。
- 工具环的移动：工具环的中间有一个圆圈，点击圆圈位置可以移动工具环，如图3.6.5所示；

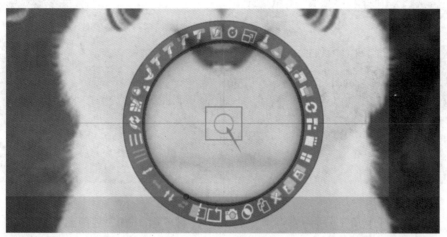

图 3.6.5　移动工具环

- 工具环的隐藏/显示：按快捷键 Z，可以隐藏工具栏，进行贴图绘制/投射。
- 聚光灯功能的开启/关闭：按 Shift＋Z 组合键，可以开启/关闭聚光灯功能，恢复对模型的操作。

2）聚光灯的圆环工具及使用方法

聚光灯的主要功能基本都集中在圆环工具里，下面依次介绍这些工具的使用方法。

第一个缩放工具，鼠标左键按住缩放工具拖动，就可以缩放图片，如图3.6.6所示。

图 3.6.6　缩放图片

第二个旋转工具，鼠标左键按住旋转工具拖动，就可以旋转图片，如图 3.6.7 所示。

图 3.6.7　旋转图片

第三个聚光灯半径工具，用来调节聚光灯的投射范围。按 Z 键隐藏工具环，可以看到投射的范围，根据需要调整大小，然后在模型上涂抹即可绘制投射图案，如图 3.6.8 所示。

图 3.6.8　聚光灯投射半径

绘制前要开启工具架 RGB 着色模式，关闭 ZADD/ZSUB 雕刻模式，在模型上绘制，如图 3.6.9 所示。

此时绘制的图像很模糊，因为模型的网格数不够，网格数与图像像素成正比。按 Ctrl＋D 组合键可增加模型细分，细分级别越高，投射图像越清晰，如图 3.6.10 和图 3.6.11 所示。

第四个固定聚光灯，用来定位聚光灯的投射部位，可在模型任何位置绘制该图像，如图 3.6.12 所示。

操作方式：开启固定聚光灯，将工具环移动到图像选择的位置，即可选择图片的投射部位；按 Z 键隐藏工具环，会发现无论在模型的哪个位置，都可以绘制定位过的部分，如图 3.6.13 所示。

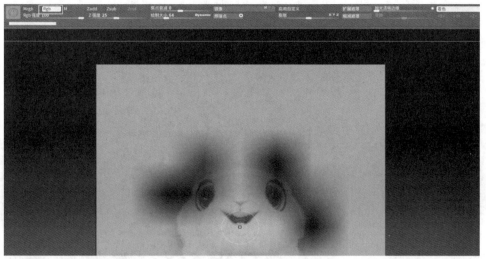

图 3.6.9 没有细分的投射效果

图 3.6.10 细分级别为 4

图 3.6.11 细分级别为 8

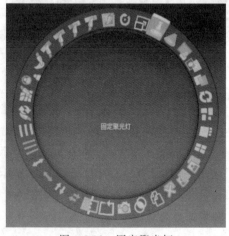

图 3.6.12 固定聚光灯

图 3.6.13 投射效果

第五个不透明度工具，是用来调节投射图片的透明/不透明度的。

操作方式：按住不透明度按钮转动，根据想要的透明效果调节参数，如图 3.6.14 所示。

图 3.6.14　设置图片不透明度

第六个淡化工具，可以调节投射图片的对比效果。操作方式：按住按钮转动，根据想要的效果调节，如图 3.6.15 所示。

图 3.6.15　图片淡化

第七个快速选择工具，当视窗加载了多张图片，开启快选，点击图片可以快速切换，如图 3.6.16 所示。

第八、九、十是三种不同的图片排列方式，分别是成比例、统一及所选平铺排列，如图 3.6.17～图 3.6.19 所示。

第十一是正面工具，可以调整所选图片是顶层还是底层的图层关系，如图 3.6.20 所示。

第十二是背面工具，可以调整所选图片是顶层还是底层的图层关系，如图 3.6.21 所示。

第十三是删除图片工具，就是没有用的图片点击此按钮可以删除，如图 3.6.22 所示。

第十四是复制图片工具，选择图片后，点击此按钮可以复制一张图片，如图 3.6.23 所示。

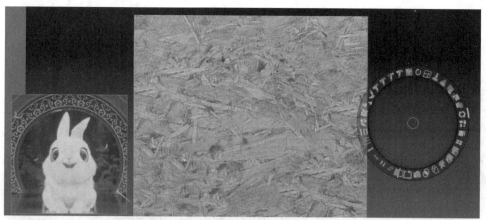

图 3.6.16 图片快速切换

图 3.6.17 成比例排列

图 3.6.18 统一排列

图 3.6.19　所选平铺排列

图 3.6.20　所选正面

图 3.6.21　所选背面

　　第十五是 3D 快照工具,通过加载灯箱的聚光灯黑白图,点击此按钮生成 3D 模型,用于一些硬表面物体的小物件生成等,如图 3.6.24 和图 3.6.25 所示。

图 3.6.22　删除图片

图 3.6.23　复制图片

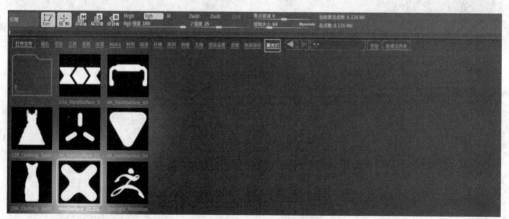

图 3.6.24　加载灯箱聚光灯黑白图资源

　　第十六是描边工具，选择一张黑白图，点击描边并拖动会产生不同粗细的描边效果，如图 3.6.26 和图 3.6.27 所示。

　　第十七是 Edge Delete 工具，效果与描边有点像，可以删除挖空形状的中间部分，如图 3.6.28 和图 3.6.29 所示。

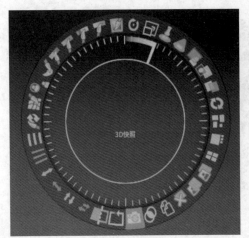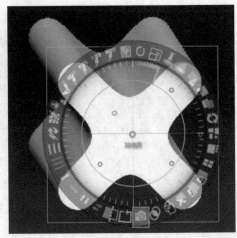

图 3.6.25　使用 3D 快照生成 3D 模型

图 3.6.26　选择图片

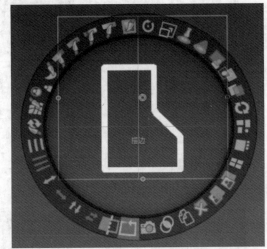

图 3.6.27　生成描边

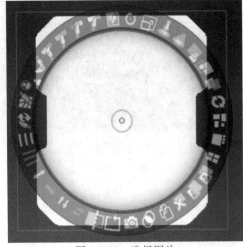

图 3.6.28　选择图片

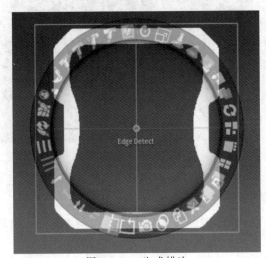

图 3.6.29　生成描边

第十八是图像的反转、延展、平铺工具,原理、效果与 Photoshop 软件差不多,如图 3.6.30 所示。

图 3.6.30 图像的反转、延展、平铺工具

图像的水平/垂直反转:字面意思很清晰,就是图像的水平/垂直反转镜像,如图 3.6.31 所示。

图 3.6.31 图像的水平/垂直反转效果

图像的水平/垂直延展:可以理解为图像的水平/垂直延展,可以被恢复,如图 3.6.32 所示。

图 3.6.32 图像的水平/垂直延展效果

图像的水平/垂直平铺：通过转动工具环实现图像的水平/垂直平铺排列数值，如图 3.6.33 所示。

图 3.6.33　图像的水平/垂直平铺效果

第十九是恢复工具，点击"回复"按钮，可以恢复前面不满意的操作效果，如图 3.6.34 所示。

图 3.6.34　拉伸的图像恢复效果

第二十是液化工具，类似 Photoshop 的液化工具，可以微调图像的形态，如图 3.6.35 所示。

图 3.6.35　液化微调兔子耳朵和嘴巴效果

第二十一是克隆工具,开启后,选择克隆的范围,在图像上可以克隆该部分,如图 3.6.36 所示。

图 3.6.36 克隆兔子眼睛效果

第二十二是绘制工具,从左侧工具栏选取要绘制的颜色和笔刷,在图像上绘制即可,如图 3.6.37 所示。

图 3.6.37 绘制图像

第二十三是强度工具,可用来调节图片的颜色强度,如图 3.6.38 所示。

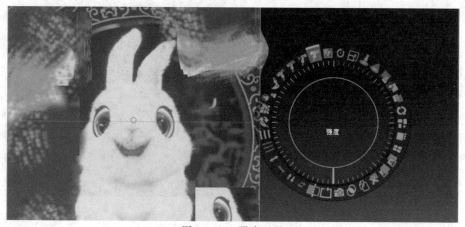

图 3.6.38 强度工具

第二十四是颜色工具，可用来改变图片的颜色色相，如图 3.6.39 所示。

图 3.6.39　颜色工具

第二十五是饱和度工具，可用来改变图片的颜色饱和度，如图 3.6.40 所示。

图 3.6.40　颜色饱和度工具

第二十六是对比度工具，可用来改变图片的对比度，但效果一般，不推荐，如图 3.6.41 所示。

图 3.6.41　对比度工具

第二十七是涂抹工具，在图片背景上涂抹可造成图像变形，不推荐，如图 3.6.42 所示。

图 3.6.42　涂抹工具

3.6.2　战斧颜色贴图的绘制实践

1. 参考图片的导入

第一步，打开 ZBrush 的战斧源文件，在"纹理"菜单下点击"导入"，在弹出的窗口中选择本案例提供的斧头颜色参考图片，选择"导入"，如图 3.6.43 所示。

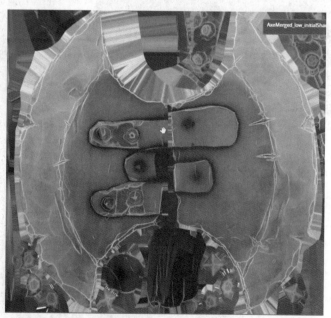

图 3.6.43　导入斧头参考图

第二步，图片导入后，再次打开"纹理"菜单，选择刚导入的参考图片，点击下面的"添加到聚光灯"按钮，斧头的颜色参考图片就添加到操作视窗了，如图 3.6.44 所示。

第三步，使用圆环工具里的缩放工具，将参考图缩小到与画布差不多大小，如图 3.6.45 和图 3.6.46 所示。

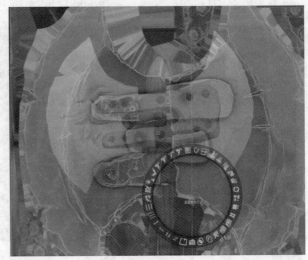

图 3.6.44　添加聚光灯

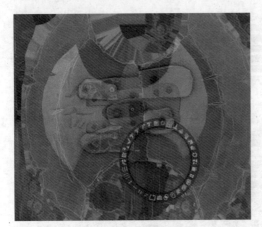

图 3.6.45　缩放工具

图 3.6.46　缩小图片

第四步，按快捷键 Z，隐藏聚光灯工具。移动并放大左半边斧头模型，对齐参考图，如图 3.6.47 所示。

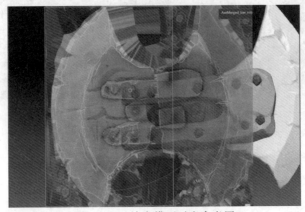

图 3.6.47　放大模型对齐参考图

第五步,将光标放到子工具斧头模型层,检查斧头的面数,在30~40万面的精度可以比较好地还原贴图表面的纹理细节,若面数过少,贴图的像素会比较低,很难绘制精细的贴图。如果发现模型面数不足,则可通过增加细分的方法增加面数,如图3.6.48所示。

图3.6.48 查看模型面数

第六步,将右边多边形绘制模块下的着色按钮点开,然后选择标准笔刷Standard,关闭Zadd模式,开启RGB颜色绘制模式,然后在对位好的左半边斧头模型上涂抹。隐藏图片,发现绘制过的地方,图片颜色已经被投射到模型上了,如图3.6.49所示。

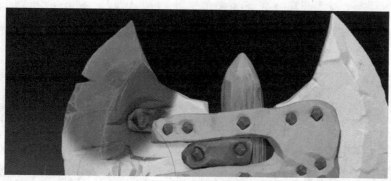

图3.6.49 绘制投射

第七步,将材质切换成Flat Color材质球,此材质只有颜色,没有光影、质感等效果影响,比较适合绘制贴图,如图3.6.50所示。

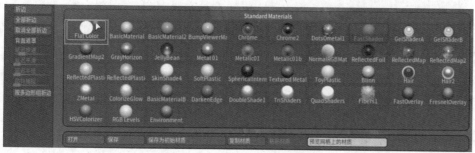

图3.6.50 切换Flat Color材质

第八步，单独显示斧头模型，按 Shift＋Z 组合键关闭聚光灯，查看贴图投射效果，如图 3.6.51 所示。基本颜色和一些细节都被投射到模型上了，中间铁块也被投射上了，接下来进行错误投射的修改。

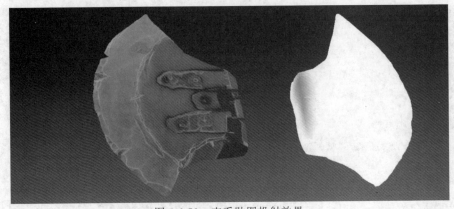

图 3.6.51　查看贴图投射效果

第九步，修复投射出现的错误和瑕疵。其实，这一步也可以先将投射图片根据想要的投射效果在 Photoshop 里提前修改好，再导入进来投射绘制，根据个人喜好选择工作流程即可。本章主要讲解在 ZBrush 软件里直接修改贴图的方法。

ZBrush 的贴图绘制功能是比较简单的，没有图层概念，也没有很复杂的功能，基本就是通过绘制新颜色覆盖前面旧的颜色。最常用的一个功能是吸色，按住 C 键并点击想要吸取的颜色，然后认真绘制，最好配备手绘板绘制，这样便于绘制细节。笔刷也可以根据个人喜好进行切换，可用来表现一些肌理效果，如图 3.6.52 所示。

图 3.6.52　切换 Alpha 笔刷

第十步，选择一个笔刷，绘制方式最好不要平涂，可以多次吸色点绘，这个过程比较漫长，绘制得越细致，颜色贴图效果越好，如图 3.6.53 所示。

第十一步，当绘制到转折以及模型有起伏结构处，平面色是看不出结构的。需要切换 Flat Sketch 材质，这个材质可以更好地体现模型的小转折和细节，为绘制贴图提供更多的细节结构参考，如图 3.6.54 所示。

先将侧面颜色整体涂满，再吸取参考图高光的颜色，绘制转折处的高光，步骤如图 3.6.55 和图 3.6.56 所示。

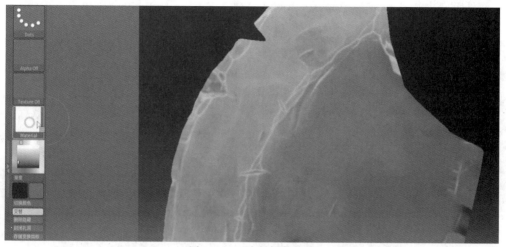

图 3.6.53 绘制颜色贴图

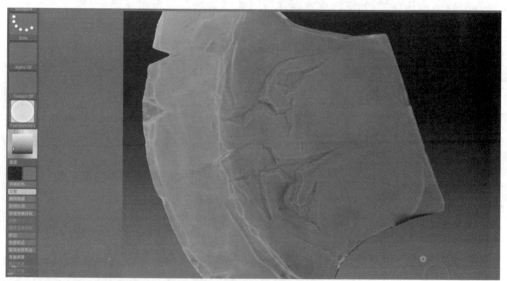

图 3.6.54 切换 Flat Sketch 材质

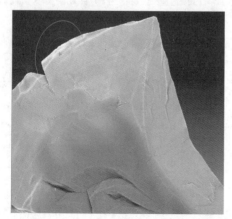

图 3.6.55 绘制转折处高光

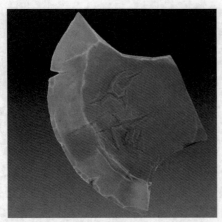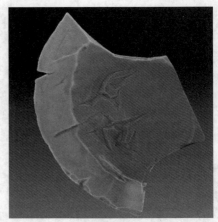

图 3.6.56　绘制过程

第十二步,继续根据模型起伏结构绘制颜色,暗处地方吸取参考暗处颜色,高光处吸取亮颜色,沿着结构认真绘制,慢慢会发现参考图其实最终都被覆盖了,它主要提供了一个颜色参考。刀刃部分效果如图 3.6.57 所示。

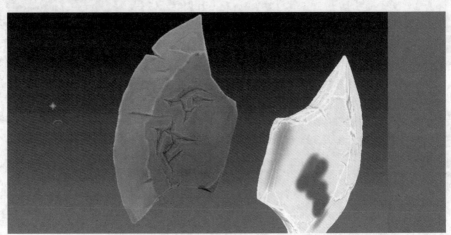

图 3.6.57　刀刃部分效果

第十三步,绘制图案纹样的部分,吸取参考图暗部的颜色,绘制凹陷处,吸取亮色,绘制高光。

绘制流程,可以先绘制图案结构最深处最暗部的颜色,再绘制中间的过渡颜色以及最边缘的高光颜色,如图 3.6.58 和图 3.6.59 所示。

第十四步,经过一个多小时的绘制,最终完成的斧头颜色贴图效果如图 3.6.60 所示。

第十五步,斧柄和中间铁块的颜色贴图也使用同样的方法绘制,具体不一一赘述,战斧颜色贴图绘制完成效果如图 3.6.61～图 3.6.63 所示。

3.6.3　高模颜色贴图的投射导出

1. 斧头贴图的投射导出

第一步,打开 3ds Max,将拆好 UV 的战斧低模分成三部分分别导出：斧头、斧柄、中间

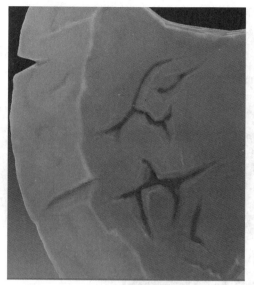

图 3.6.58 绘制纹样暗部

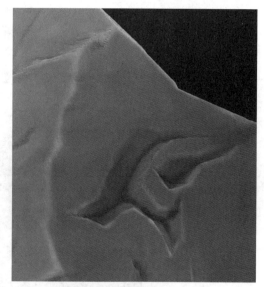

图 3.6.59 亮部及中间过渡

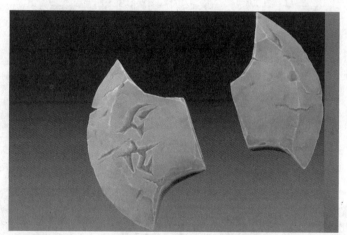

图 3.6.60 斧头颜色贴图效果

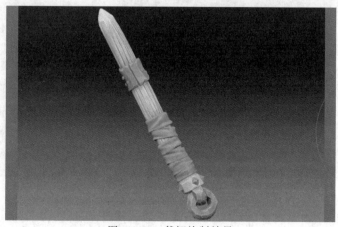

图 3.6.61 斧柄绘制效果

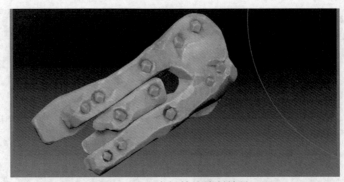

图 3.6.62　中间铁块绘制效果

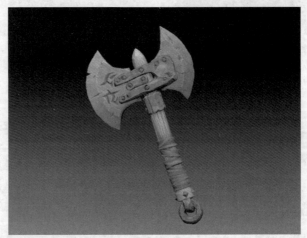

图 3.6.63　战斧整体绘制效果

铁块。导出时不要改变模型大小和位置，导出格式为.obj，导出设置如图 3.6.64 所示。

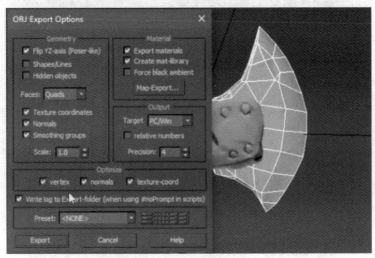

图 3.6.64　导出设置

第二步，打开 ZBrush 的战斧源文件，将高模通过整理合并生成 3 个单独物体：斧头、斧柄和中间铁块,如图 3.6.65 所示。

图 3.6.65　整理高模

第三步,将在 3ds Max 中拆好 UV 的三个低模导入进来。在右边的工具栏点击"导入",依次将斧头、斧柄和中间铁块都导入进来,可以打开网格显示,查看低模布线,如图 3.6.66 所示。

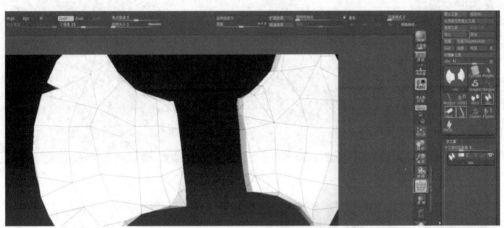

图 3.6.66　导入低模

第四步,要想贴图投射效果好,低模的面数也需要足够,通过细分低模,将面数提升到与高模的面数差不多。打开斧头低模,在右边的几何体编辑下关闭平滑选项,点击细分网格,级别为 6 级,如图 3.6.67 所示。

第五步,低模细分完成,使用右边的子工具追加整理好的斧头高模,如图 3.6.68 所示。

第六步,投射测试。在右边的子工具投射模块,点击"全部投射",测试默认数值和效果,如图 3.6.69 所示。

第七步,隐藏高模,关闭网格显示,查看投射效果。除纹样凹陷部分有瑕疵,其他部分基本没有问题,如图 3.6.70 所示。

第八步,找出问题,修改参数,再次投射。出现投射瑕疵的原因是:投射的距离设置不够,将投射距离扩大为 0.1,再次投射,可以看到问题得到修复,如图 3.6.71 所示。

第九步,查看贴图。在右边的 UV 贴图模块,点击"变化 UV",可以看到烘焙好的贴图

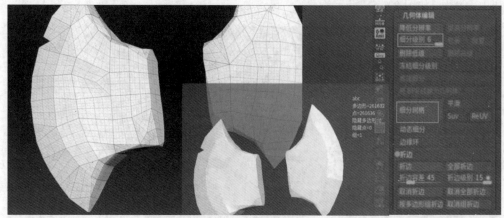

图 3.6.67　细分低模

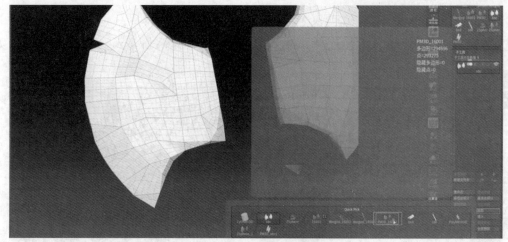

图 3.6.68　追加斧头高模

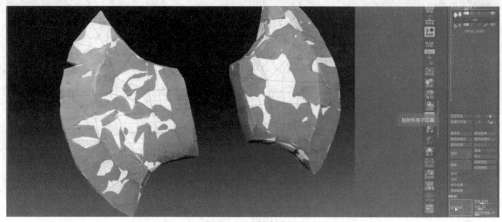

图 3.6.69　投射测试

效果，如图 3.6.72 所示。

　　第十步，创建纹理贴图。在右边工具栏纹理贴图模块，先点击"创建纹理"，此时模型会

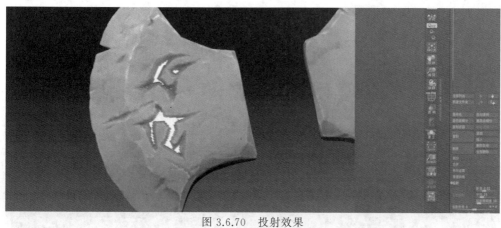

图 3.6.70 投射效果

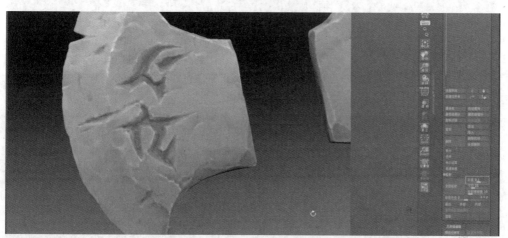

图 3.6.71 修复投射错误（一）

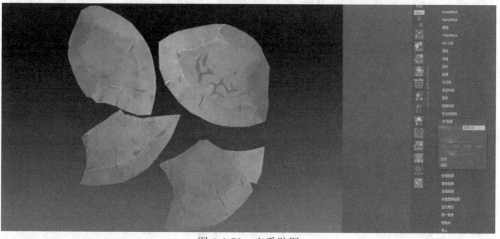

图 3.6.72 查看贴图

被白色覆盖，然后点击"创建"→"通过多边形绘制创建"，这时可以看到生成了一张纹理贴图，如图 3.6.73 所示。

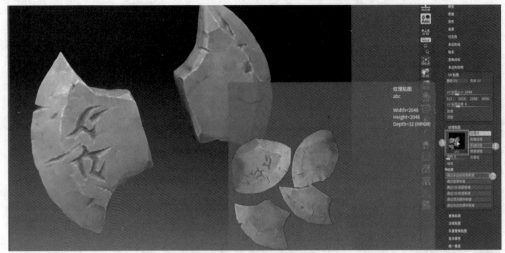

图 3.6.73　创建纹理贴图（一）

第十一步，导出贴图。

首先点击纹理贴图的克隆贴图，然后在"纹理"菜单下选择斧头贴图，点击"导出"，输出格式可根据自己的项目需求选择，如图 3.6.74 所示。

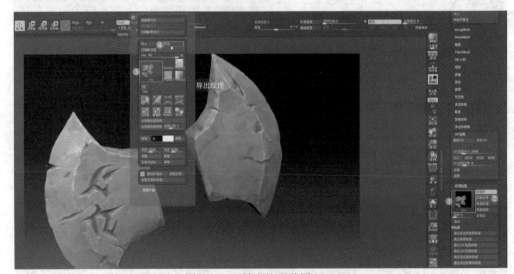

图 3.6.74　导出纹理贴图（一）

2. 中间铁块贴图的投射导出

第一步，打开导入的中间铁块低模，在右边的几何体编辑下关闭平滑选项，点击"细分网格"，细分级别为 5/6 级，与高模面数差不多就可以，如图 3.6.75 所示。

第二步，低模细分完成，用右边的子工具追加整理好的铁块高模，如图 3.6.76 所示。

第三步，默认设置下，点击"全部投射"，测试投射效果，如图 3.6.77 所示。

第四步，再次修改投射距离，点击"全部投射"，直到修复白色错误为止，如图 3.6.78 所示。

第五步，创建纹理贴图。点击"创建纹理"，通过多边形绘制创建，如图 3.6.79 所示。

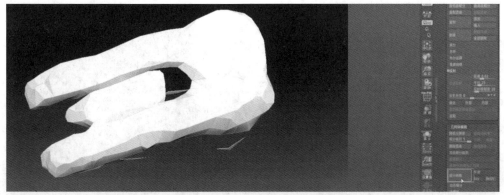

图 3.6.75 细分网格

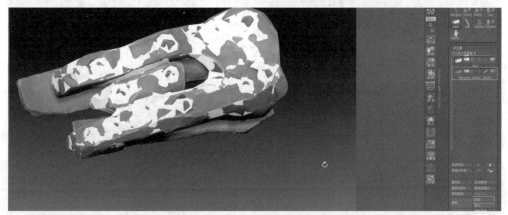

图 3.6.76 追加高模

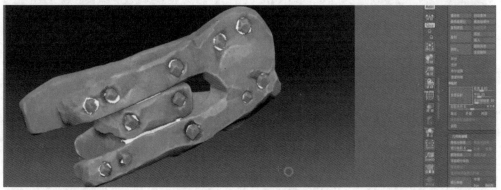

图 3.6.77 测试投射效果

第六步,导出纹理贴图。

首先,点击"克隆纹理",通过多边形绘制创建纹理。然后,在"纹理"菜单下选择铁块贴图,点击"导出",输出格式可根据自己的项目需求选择,如图3.6.80所示。

3. 斧柄贴图的投射导出

第一步,采用同样的方法,打开导入的斧柄低模,在右边的几何体编辑下关闭平滑选项,

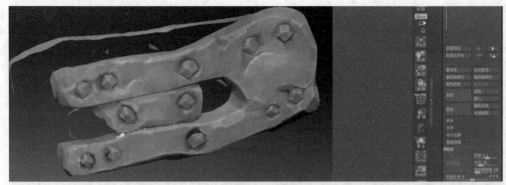

图 3.6.78　修复投射错误（二）

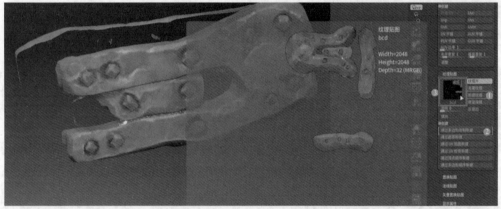

图 3.6.79　创建纹理贴图（二）

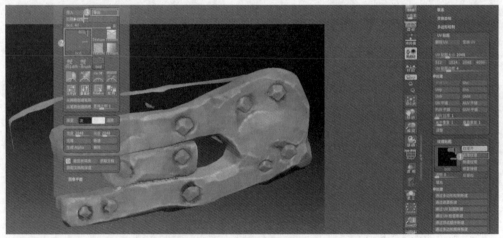

图 3.6.80　导出纹理贴图（二）

点击"细分网格"，细分级别为 6 级，与高模面数差不多就可以，如图 3.6.81 所示。

第二步，低模细分完成，用右边的子工具追加整理好的斧柄高模，如图 3.6.82 所示。

第三步，默认设置下，点击"全部投射"，测试投射效果，如图 3.6.83 所示。

第四步，再次修改投射距离，点击"全部投射"，直到修复白色错误为止，如图 3.6.84 所示。

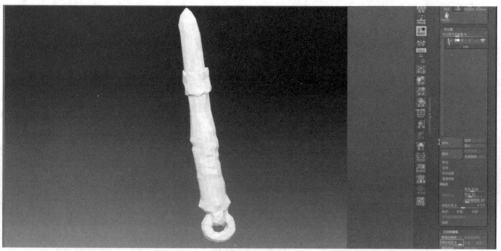
图 3.6.81 细分网格

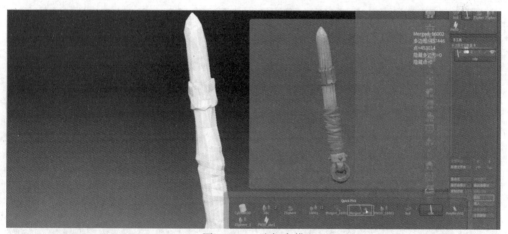
图 3.6.82 追加高模

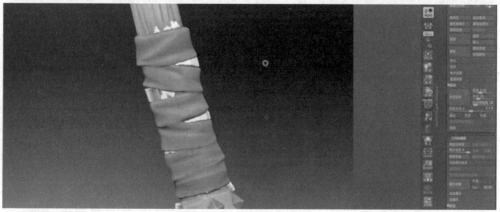
图 3.6.83 测试投射效果

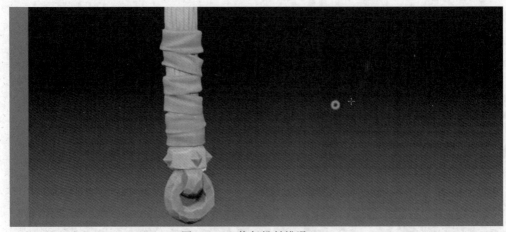

图 3.6.84　修复投射错误(三)

第五步,创建纹理贴图。点击"创建纹理",通过多边形绘制创建,如图 3.6.85 所示。

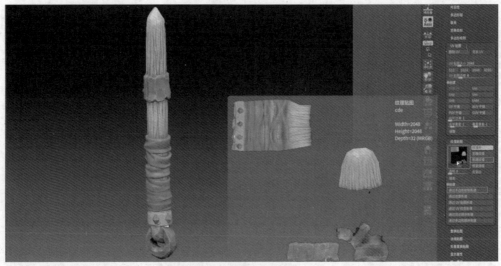

图 3.6.85　创建纹理贴图(三)

第六步,导出纹理贴图。首先,点击"克隆纹理",通过多边形绘制创建纹理。然后,在"纹理"菜单下选择铁块贴图,点击"导出",输出格式可根据自己的项目需求选择,如图 3.6.86 所示。

4. 战斧贴图的合并

第一步,打开 Photoshop,合并方法与法线贴图一样。将导出的三张颜色贴图打开,对照一下之前合并完的法线贴图、颜色贴图投射的过程,可能出现反向问题,需要反转修复,如图 3.6.87 所示。

第二步,合并贴图。使用魔棒工具选择黑色背景,再反选,然后使用移动工具,拖曳合并到一张贴图,如图 3.6.88 所示。

第三步,颜色贴图合并完成,如图 3.6.89 所示。战斧模型最终效果如图 3.6.90 所示。

图 3.6.86　导出纹理贴图（三）

图 3.6.87　导入贴图

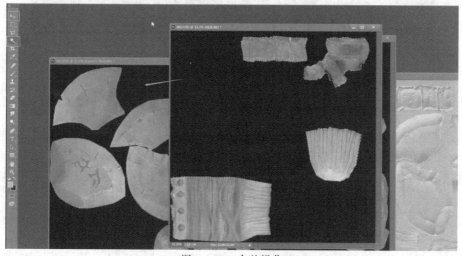

图 3.6.88　合并操作

图 3.6.89　颜色贴图合并完成

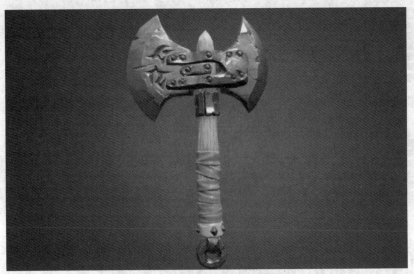

图 3.6.90　战斧模型最终效果

本章小结

本章主要讲解了战斧制作的完整工作流程及项目制作实践，主要有相关主题素材的收集、ZBrush 软件的基础讲解、战斧高模的雕刻制作、低模的拓扑方法、低模 UV 的拆分、法线贴图的烘焙、固有颜色贴图的绘制，以及高模颜色贴图的投射导出及 Photoshop 合成技巧。

课后习题

请使用本章学习的 ZBrush 雕刻建模技巧，从下面参考图中任选一张，独立完成雕刻制作练习，以巩固本章学习的 ZBrush 雕刻技法，可以根据个人喜好完善模型细节和质感修改。

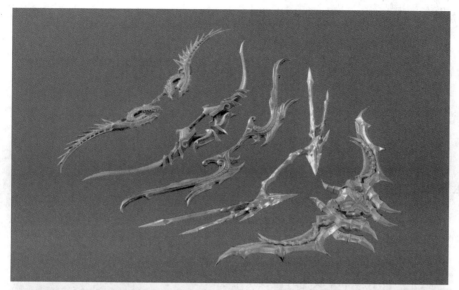

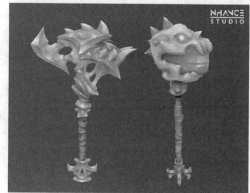

第 4 章

M500 转轮手枪模型的制作

本章学习目标

- 了解并掌握硬表面高模制作的常用技巧
- 掌握并应用 3ds Max 软件的硬表面高模建模技术
- 掌握并应用 ZBrush 软件的硬表面高模细化技术
- 掌握并应用 Keyshot 软件的高模渲染技术
- 掌握并应用 Photoshop 软件的后期图片处理技术

本章将介绍转轮手枪高模的制作及渲染技巧。M500 转轮手枪模型制作的精细度和复杂度增加了很多,需要综合运用 3ds Max 和 ZBrush 两个软件进行建模,建模方法也更加丰富,需要更高的建模技术和操作熟练度。

经过前面两章案例的学习与训练,读者应该具有了这两个软件的基本应用能力,本章将深入学习综合运用多个软件制作三维游戏资产 M500 转轮手枪高模的方法和技巧。

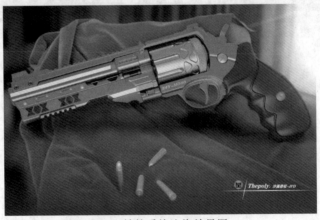

M500 转轮手枪渲染效果图

4.1 高模常用制作技巧

知识点:

- 3ds Max 石墨工具卡线＋切角＋漂浮模型

- Inset Chamfer 自动光滑组倒角
- 3ds Max 折缝修改器 CreaseSet 和网格平滑 OpenSubdive
- 3ds Max 布尔＋ZBrush 布尔、Dynamesh＋抛光
- 3ds Max 建模插件介绍

4.1.1　3ds Max 石墨工具卡线＋切角＋漂浮模型

1. 模型卡线原理

3ds Max 石墨工具卡线＋切角的建模工作流程,在本书第一个案例中已经讲过,非常实用。

那为什么要卡线呢? 因为制作高模通常后续要采取自动光滑或者细分的方式,如果没有对一些关键结构进行卡线,模型将被平均地平滑掉,模型的结构将变软,原来的方形会变成圆形,如图 4.1.1 所示。对于机械类硬表面物体来说,肯定需要硬边结构。如果对需要保持硬边的结构处进行卡线或者切角处理,平滑后该结构就能被保留得很好,如图 4.1.2 所示。

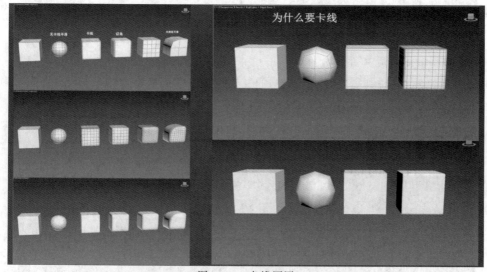

图 4.1.1　卡线原因

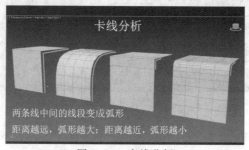

图 4.1.2　卡线分析

2. 石墨工具常用的建模命令

1) 快捷键设置

在自定义面板下,根据自己的习惯设置常用快捷键如窗口最大化常设置为空格键。

2）建模选项卡

建模选项卡包含最常用于多边形建模的工具,如快速循环、快速切片等,分成不同的面板。

3）自由形式选项卡

自由形式选项卡最重要的工具是拓扑工具。

4）选择选项卡

选择选项卡提供了专用于进行子对象选择的各种工具,如可以选择凹面或者凸面的区域、朝向视口的子对象或朝一个方向的点等,如图 4.1.3 所示。

图 4.1.3 石墨工具栏

3. 平面结构转换成三维结构的技巧

高模建模经常会碰到需要做圆形结构的复杂纹理细节的模型,例如枪管等圆形结构,可以使用平面结构转换成三维结构的方法制作,如图 4.1.4 所示。

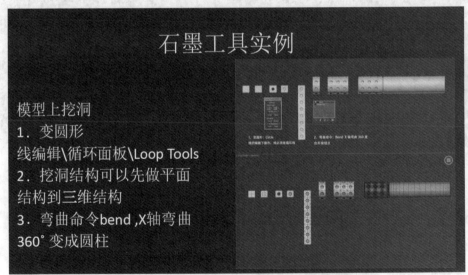

图 4.1.4 平面结构转换成三维结构

4. 重新拓扑布线技巧

先制作圆柱,编辑模型布线,在自由形式选项卡找到拓扑选项,里面有很多拓扑样式,本案例选择菱形斜线样式拓扑,然后倒角挤出即可,如图 4.1.5 所示。

5. 漂浮模型

为了节省模型面数资源,一些凹陷或者突出的小细节结构,通常用漂浮模型的方式制

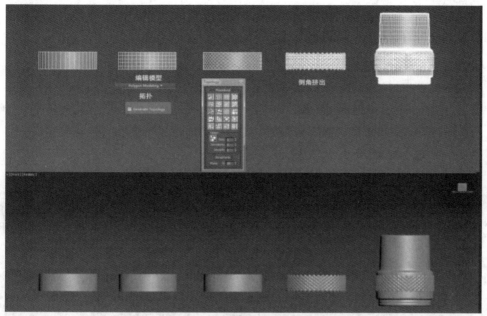

图 4.1.5　重新拓扑布线

作。优点：漂浮结构不会破坏模型本身的布线，而且方便修改，随时可以删掉。缺点：烘焙
AO 有时会有一些阴影错误，高模渲染时也会有结构的阴影错误，后期需要修复；总之，漂浮
模型的优点大于缺点，是业界常用的小技巧，效果如图 4.1.6 所示。

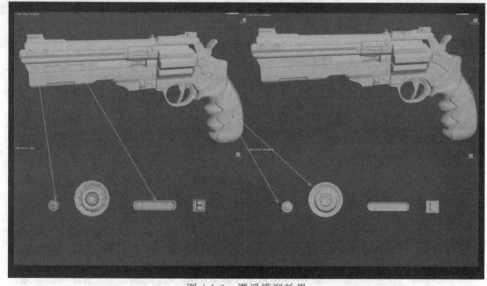

图 4.1.6　漂浮模型效果

为了得到更好的效果，制作时需要注意以下几点。

- 漂浮模型通常需要 2 个像素的扩边，涡轮平滑后才会有完美的漂浮结构；
- 模型漂浮在物体表面，要流出一定的距离；
- 凹槽或者突起结构，尽量不要与法线方向完全垂直，最好有一定的倾斜角度，否则法线烘焙效果较弱。

4.1.2　Inset Chamfer 自动光滑组倒角

Inset Chamfer Stack 倒角插件，可以自动光滑模型的边缘，还可以随意控制模型的软硬度。其主要参数设置如图 4.1.7 所示。

- InsetChamfer：模型软硬范围。
- Chamfer：倒角精度设置。
- InsetBySmoothingGroupMXS：光滑组范围。
- Smooth：光滑组设置。

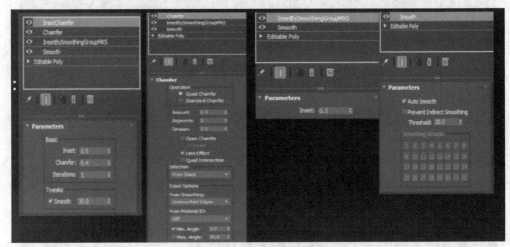

图 4.1.7　自动光滑组倒角

Inset Chamfer 工具和布尔工具配合使用，效率很高，如图 4.1.8 所示。

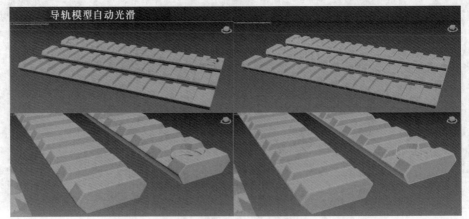

图 4.1.8　Inset Chamfer 工具配合布尔工具效果

4.1.3　折缝修改器 CreaseSet 和网格平滑 OpenSubdiv

CreaseSet：折缝修改器（软硬边的设置）

通过 CreaseSet 修改器，可以创建和删除多个折缝集；也可以从修改器堆栈的基本设置中派生折缝集;应用程序可与多个对象一起使用。CreaseSet 使用方法如图 4.1.9 所示。

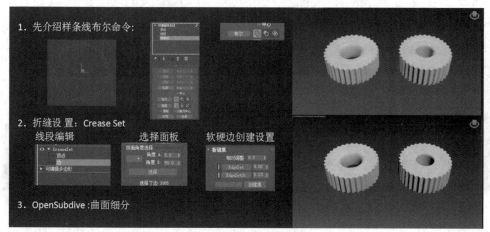

图 4.1.9　CreaseSet 使用方法

OpenSubdive：网格细分编辑器

网格细分工具,是由皮克斯开发的高级模型网格细分技术,用于在大规模并行 CPU 和 GPU 建筑上建模和制作细分曲面动画等方面;3ds Max 中的 OpenSubdive 实施包含三个修改器：OpenSubdive、Crease 和 Crease Set。OpenSubdive 执行细分、平滑和折缝;Crease 使用户可在程序上选择对象的边和顶点,并将折缝值应用于它们,如图 4.1.10 所示。

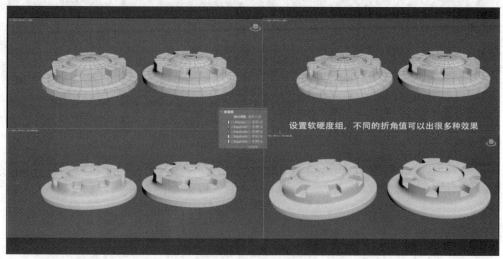

图 4.1.10　OpenSubdive

OpenSubdive 与涡轮平滑相比,性能高了 N 多倍,原来加两次涡轮平滑就很卡, OpenSubdive 优化了性能,拯救了 3ds Max 建模党。

4.1.4　3ds Max 布尔、ZBrush 布尔和 Dynamesh、自动光滑

（1）3ds Max 布尔有两种布尔和 PRO 超级布尔。

制作方法比较简单：选择复合对象建模下的布尔/PRO 超级布尔,然后选择布尔的运算方式,即可生成,如图 4.1.11 所示。

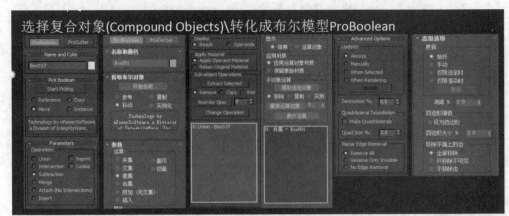

图 4.1.11　3ds Max 布尔运算

布尔完成后，进行模型的四边形转化，导入 ZBrush 进行光滑及细化处理，如图 4.1.12 所示。

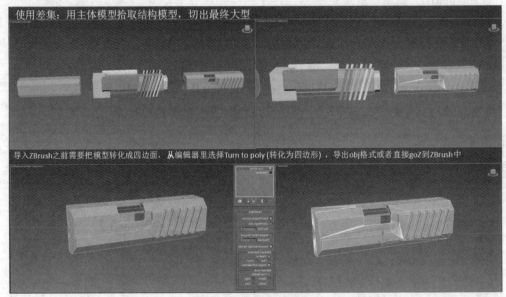

图 4.1.12　四边形转化

（2）ZBrush 布尔。

ZBrush 布尔：打开预览布尔，可以实时查看布尔的效果；布尔的运算方式需要在子工具下选择；对预览效果满意后，点击布尔运算下的生成模型即可，如图 4.1.13 所示。

提前制作螺母需要的 3 个部件，然后在子工具中选择"差集模式"，开启"预览布尔"。点击生成布尔模型，如图 4.1.14 所示。

（3）ZBrush Dynamesh＋自动光滑。

导入模型后，先进行 Dynamesh 自动网格分布，分辨率设置稍高一些，数值可设置为 512～1024；

然后，在变形面板找到抛光设置，根据效果对模型进行光滑处理。

ZBrush 布尔操作如图 4.1.15 所示。

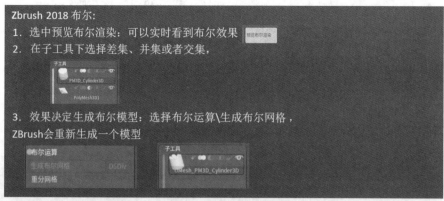

图 4.1.13　ZBrush 布尔操作

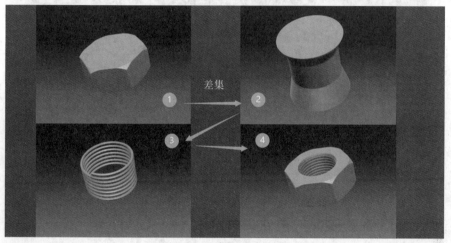

图 4.1.14　螺母布尔制作

图 4.1.15　ZBrush 布尔操作

ZBrush Dynamesh＋自动光滑案例效果，如图 4.1.16 和图 4.1.17 所示。

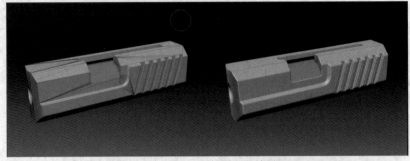

图 4.1.16　ZBrush 自动光滑效果（一）

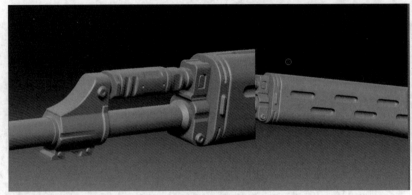

图 4.1.17　ZBrush 自动光滑效果（二）

4.1.5　3ds Max 提高效率的插件工具介绍

（1）倒角自动平滑插件：Inset Quad Chamfer；

（2）开洞插件：开洞修改器 Create Holes v1.3；

（3）雕花插件：Poly Detail；

（4）模型快速插入：Mesh Insert；

（5）布尔自动圆角插件：Smooth Boolean；

视频教程：https://www.bilibili.com/video/av43019215/? redirectFrom＝h5

（6）拓扑插件：TopoLogiK for 3ds Max retopo 插件，强烈建议安装这个插件，它是拓扑神器。

4.2　手枪转轮弹膛模型的制作

知识点：

- 参考资料搜集
- ZBrush 聚光灯工具
- ZBrush 布尔运算
- Dynamesh＋自动抛光

- ZBrush 扭曲修改

4.2.1　M500 转轮手枪前期准备

1. M500 转轮手枪图片资料收集

在制作游戏资产之前,需要根据项目的主题广泛收集相关的概念图、照片等素材,这将为我们后期的模型制作提供更多的灵感和创意。本案例制作的是 M500 转轮手枪,通过网络搜索的素材如图 4.2.1 所示。

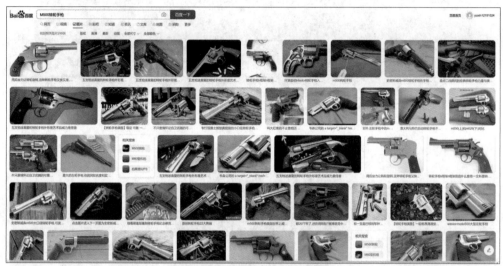

图 4.2.1　转轮手枪资料收集

2. M500 转轮手枪结构分析

根据 M500 手枪参考图片,分析手枪的组成结构,可以分 3 部分:转轮弹膛、金属枪管和枪把手,如图 4.2.2 所示。

图 4.2.2　转轮手枪组成部分

后面将依次讲解 M500 转轮手枪 3 部分高模的制作方法。

4.2.2　ZBrush 聚光灯工具介绍

(1) 点击灯箱,找到聚光灯工具,其内含 5 套预设的 Alpha 模板,根据需要选择一个模板载入工具，如图 4.2.3 所示。

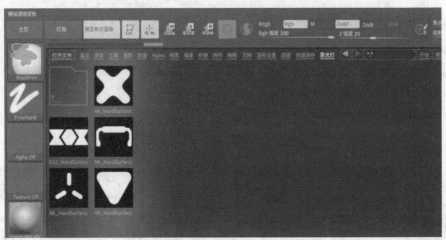

图 4.2.3　聚光灯工具

（2）在工具面板创建圆柱体，生成模型前要转换成 PM3D，如图 4.2.4 所示。

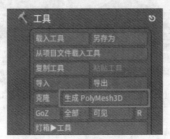

图 4.2.4　转换成 PM3D

（3）按 Z 键激活聚光灯工具：选择需要的 Alpha 模板，将其拖到模型相应位置，形成蒙版，如图 4.2.5 所示。

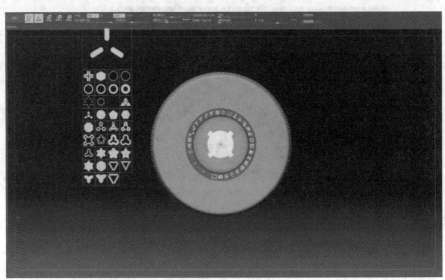

图 4.2.5　Alpha 模板

（4）使用聚光灯工具可以完成移动、缩放和旋转、复制、布尔运算等操作。聚光灯工具环如图 4.2.6 所示。

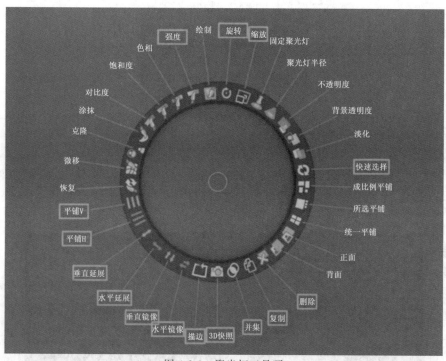

图 4.2.6　聚光灯工具环

（5）布尔运算：直接点击布尔图标为并集运算，按住 Alt 键可以反向为差集运算，如图 4.2.7 所示。

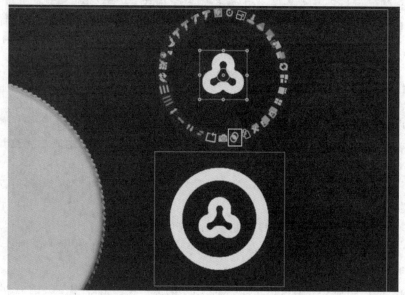

图 4.2.7　托盘布尔

（6）快照生成模型：点击相机即可生成模型。注意，要在正交视图下操作，保证 Alpha

图形是被选中状态，外框显示黄色为选中状态。快照模型生成的厚度，与当前所选中的模型厚度一致，如图4.2.8所示。

图 4.2.8 3D快照

（7）点击 Z 键，退出聚光灯编辑模式，可进行模型编辑；按 Shift+Z 组合键，可以隐藏工具环，观察模型效果如图 4.2.9 所示。

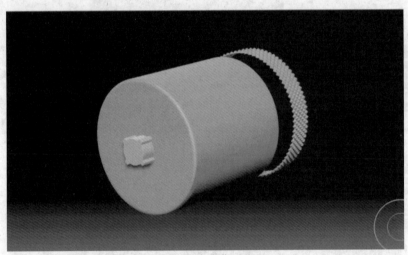

图 4.2.9 隐藏工具

4.2.3 手枪转轮弹膛模型制作

1. 制作转轮布尔所需的基础部件模型

第一步，使用工具栏创建大小不同的圆柱，再配合聚光灯工具，生成不规范几何结构的模型，如图 4.2.10 所示。

第二步，在几何体编辑下用 Array Mesh 阵列工具旋转复制模型。阵列可以控制复制数量和模型间距，如图 4.2.11 所示。

第三步，自定义 Alpha 模板，3D 快照生成特殊字体模型。

在 Alpha 菜单里可以添加自定义 Alpha 蒙版，可以用 PSD 制作需要的黑白图，添加到聚光灯，生成自定义 Alpha 模板。

在 Photoshop 里制作一张 The poly 黑底白字的黑白图，导入 ZBrush 的 Alpha 笔刷，然后点击左侧的图标，再使用聚光灯 3D 快照即可生成字体模型，如图 4.2.12 所示。

第四步，使用 ZBrush 聚光灯工具，生成圆角三角形基本模型，如图 4.2.13 所示。

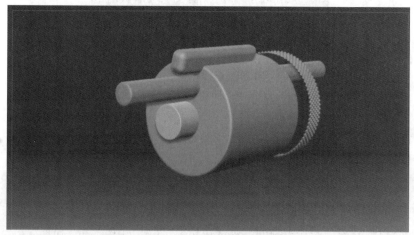

图 4.2.10　制作零部件

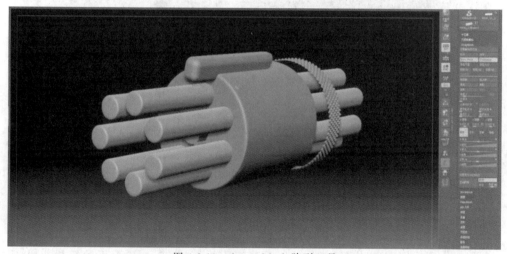

图 4.2.11　Array Mesh 阵列工具

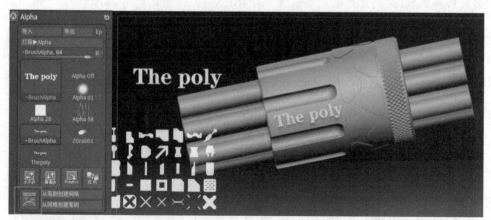

图 4.2.12　自定义 Alpha 蒙版

第五步，将圆角三角形导入 3ds Max 中，先复制两排模型，再使用 Bend 弯曲修改器旋

图 4.2.13　使用 ZBrush 聚光灯生成圆角三角形基本模型

转弯曲 360°,这样,制作的圆环模型贴合得就比较好,操作也比较简单,如图 4.2.14 所示。

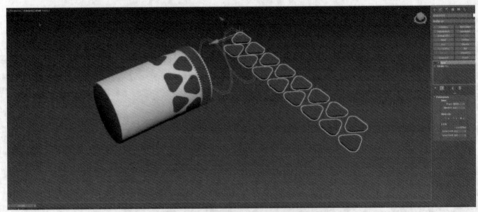

图 4.2.14　3ds Max 弯曲制作圆环

第六步,使用 3ds Max 石墨拓扑工具制作菱形凸起圆环模型。

制作一个圆柱体,编辑模型布线,使用石墨工具栏自由形式选项卡下的拓扑选项,里面有很多拓扑样式,本案例选择菱形斜线样式拓扑,然后倒角挤出即可,如图 4.2.15 所示。

图 4.2.15　拓扑＋倒角挤出菱形结构模型

第七步，将所有部件都导入 ZBrush，布尔运算前的模型准备完毕，如图 4.2.16 所示。

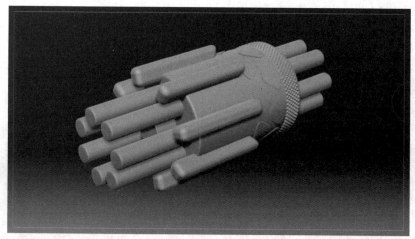

图 4.2.16　模型准备完毕

2. ZBrush 布尔运算

第一步，打开预览布尔渲染按钮，实时观察布尔效果，如图 4.2.17 所示。

图 4.2.17　预览布尔渲染

第二步，子工具运用图层上的合集、差集和交集运算完成转轮，如图 4.2.18 所示。

第三步，点击布尔运算下的生成布尔网格，单独生成转轮模型，如图 4.2.19 所示。

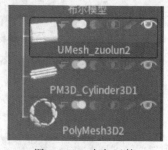

图 4.2.18　布尔运算

图 4.2.19　生成布尔网格

第四步，还可以文件模式生成布尔。点击齿轮图标，选择布尔运算文件夹，模型在文件夹下方。

选择准备好的模型进行布尔运算，生成模型。

> **注意**：主体模型放在最上方，最好把模型放到一个文件夹内进行布尔，如图 4.2.20 所示。

第五步，完成布尔运算后，打开网格显示，可以发现模型已自动进行分组。

将 Dyamesh 分辨率调高一点，数值可设置为 512～1024，如图 4.2.21 所示。

3. ZBrush 自动光滑

第一步，绘制遮罩。选择按特性遮罩，然后再扩展一次遮罩。如果希望模型边缘软一

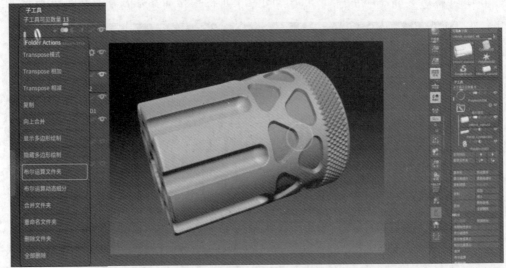

图 4.2.20　文件模式生成布尔

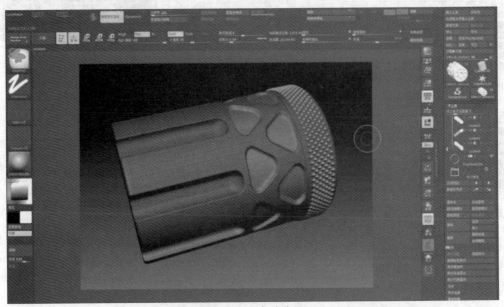

图 4.2.21　自动分组

点,则可以模糊一次遮罩,如图 4.2.22 所示。

　　第二步,反转遮罩。按 Ctrl＋I 组合键进行遮罩翻转,效果如图 4.2.23 所示。

　　第三步,抛光平滑模型。在变形面板找到抛光,根据效果对模型进行光滑处理,如图 4.2.24 所示。

　　第四步,使用 Smooth 平滑笔刷微调,效果如图 4.2.25 所示。

4. ZBrush 特殊效果修改器

　　第一步,特殊扭曲效果制作。切换到移动工具,点击设置。ZBrush 里提供了多种修改器,可根据自己的需求修改设置,如图 4.2.26 所示。

图 4.2.22　绘制遮罩

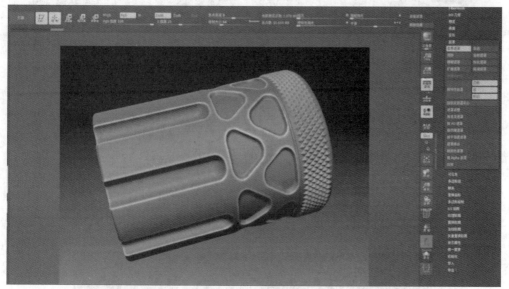

图 4.2.23　反转遮罩

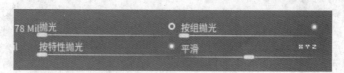

图 4.2.24　抛光平滑模型

　　第二步,选择扭曲修改器,对转轮模型进行一定幅度的扭曲修改,转轮模型完成,如图 4.2.27 所示。

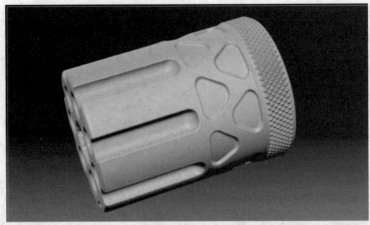

图 4.2.25　使用 Smooth 平滑笔刷微调

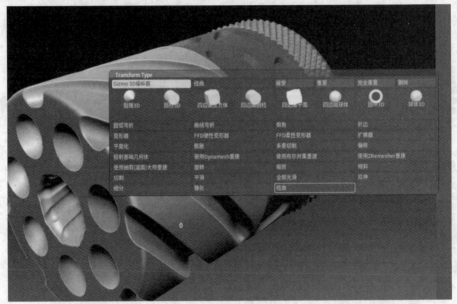

图 4.2.26　移动设置修改器

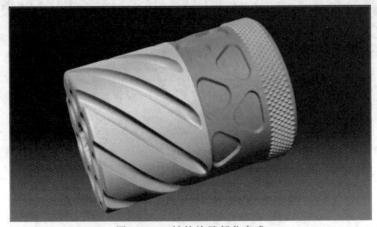

图 4.2.27　转轮枪膛部分完成

4.3 手枪枪管金属结构制作

知识点：

- 使用 3ds Max 制作枪管基础大型
- 使用 3ds Max 制作金属弹簧结构
- 使用 3ds Max 制作弹膛外框结构
- 使用 ZBrush 制作枪管细节结构

4.3.1 枪管结构基础大型制作

使用 3ds Max 制作导轨、机械瞄和枪管结构基础大型，如图 4.3.1 所示。

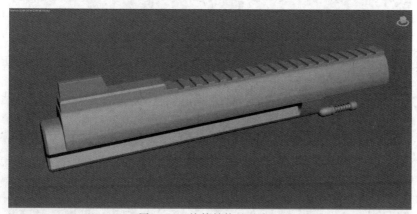

图 4.3.1 枪管结构基础大型

1. 枪管结构制作过程

第一步，使用二维样条线，绘制出导轨结构的大型；

第二步，使用挤出修改器，生成立体模型结构；

第三步，继续使用样条线，制作导轨细节结构所需的布尔模型；

第四步，运用不同的布尔运算，生成导轨结构。

> **小提示**：制作布尔前，计划好结构部件之间的运算方式，最好多复制一份模型，提前做好模型备份，以防运算出错，如图 4.3.2 和图 4.3.3 所示。

2. 机瞄和枪管结构制作

样条线起大型，过程中用到的修改器：挤出模型、布尔运算、转换成 Edit Poly、FFD 修改器和切角修改器光滑边缘，如图 4.3.4 所示。

4.3.2 金属弹簧结构制作

金属弹簧结构运用样条线、Helix(弹簧线)和车削修改器(Lathe)制作挤出大形。

车削修改器设置：Degrees：360 、Segments(段数) 、Durection 轴向(X)移动轴心位置可以控制圆柱的半径，如图 4.3.5 所示。

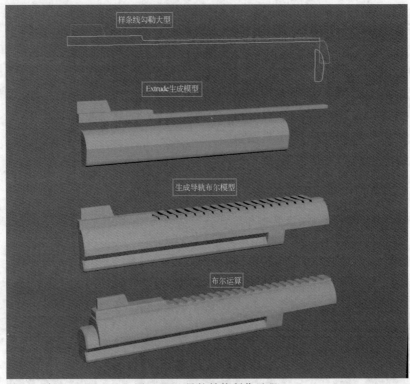

图 4.3.2 导轨结构制作过程

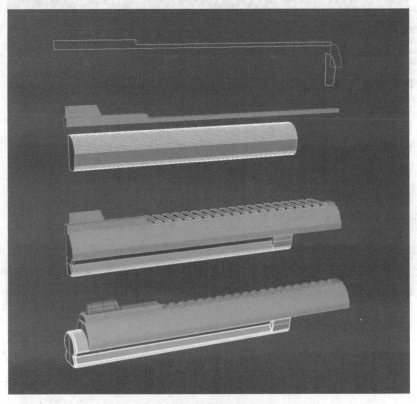

图 4.3.3 导轨线框结构

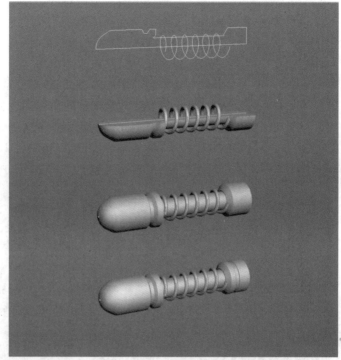

图 4.3.4　修改器运用

图 4.3.5　金属弹簧结构

4.3.3　弹膛外框结构制作

弹膛外框结构制作过程：样条线起大型、挤出模型、布尔运算、转换成 Edit Poly、对称和切角修改器光滑边缘，如图 4.3.6 所示。

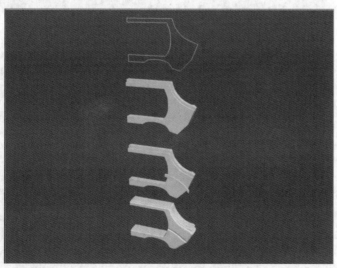

图 4.3.6　弹膛外框结构制作过程

弹膛外框结构制作使用的修改器列表如图 4.3.7 所示。

图 4.3.7　修改器列表

这个结构稍稍有些复杂，需要把模型布线变成四边面，平滑命令和后期编辑模型会更方便。这里用到一个自动拓扑的插件（Quad Remesher 1.0），这个插件可以颠覆以往的工作流程，强烈推荐；布尔完成后，它可以根据模型的光滑组或者模型结构自动变成四边面，这样模型的布线会非常工整。插件参数设置及修改后模型效果，如图 4.3.8 和图 4.3.9 所示。

模型面数设置 Target QuadCount：1000。

模型布线权重 Adaptive Size：50。

模型布线类型，用光滑组方式：Use Smoothing Groups。

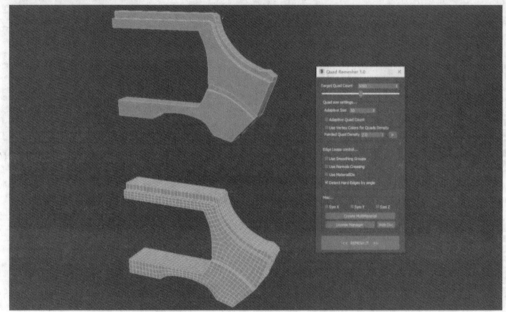

图 4.3.8　四边面布线修改器

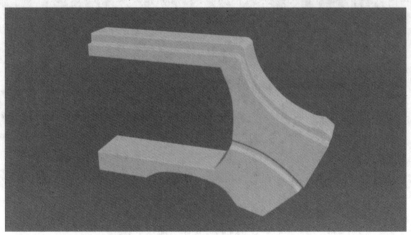

图 4.3.9　模型效果

4.3.4 Quad Remesher 1.0

Quad Remesher 1.0 需要在 3ds Max 英文版本下运行,本案例将插件安装在 3ds Max 2020 版本。将 Quad Remesher_1.0_3ds Max 文件直接拖到窗口安装,找到自定义菜单 Exoside,如图 4.3.10 所示。然后,将 Quad Remeshr 图标拖到工具栏即可使用,如图 4.3.11 所示。

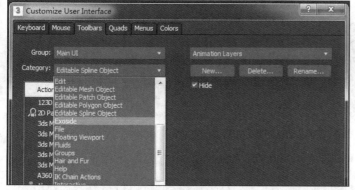

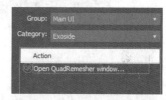

图 4.3.10　自定义菜单 Exoside　　　　　图 4.3.11　Quad Remeshr 图标

4.3.5　导入 ZBrush 制作枪管细节

1. ZBrush 聚光灯生成基础形体

枪管基础大型在 3ds Max 完成后导入 ZBrush,运用聚光灯生成枪管基础结构。选择一个 Alpha 模板,3D 快照生成模型,如图 4.3.12 所示。

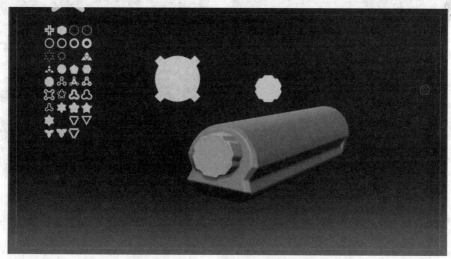

图 4.3.12　聚光灯生成 3D 模型

2. 扭曲变形修改器

再运用扭曲变形修改器,进行扭曲变形,如图 4.3.13 所示。

详细操作方法前面讲过，这里不再赘述，只讲一下制作思路。

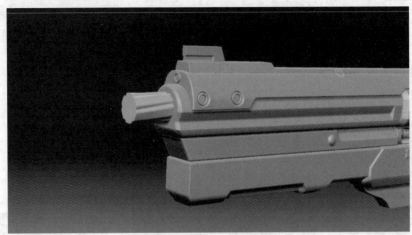

图 4.3.13　扭曲变形修改

3. 布尔运算制作枪管

开启实时布尔运算预览。根据预览效果，在子工具里调整模型位置，对效果满意后，点击生成布尔模型，如图 4.3.14 所示。

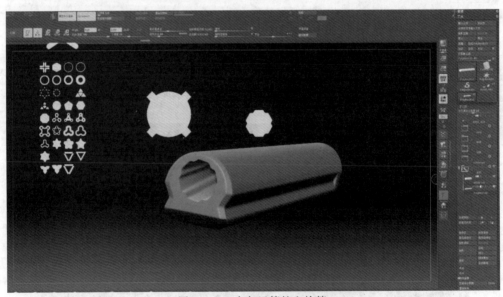

图 4.3.14　布尔运算挖空枪筒

用同样的方法，布尔增加更多的细节结构，如图 4.3.15 所示。

4. 镂空装饰结构制作

镂空装饰结构制作过程如下。

第一步，使用聚光灯生成单个结构，如图 4.3.16 所示。

第二步，按 Ctrl＋Shift 组合键移动工具复制模型，制作其他的布尔结构，如图 4.3.17 所示。

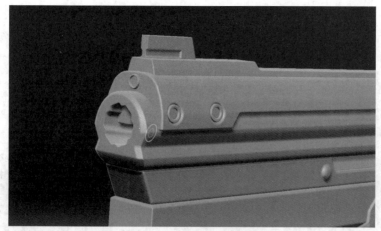

图 4.3.15　增加细节结构

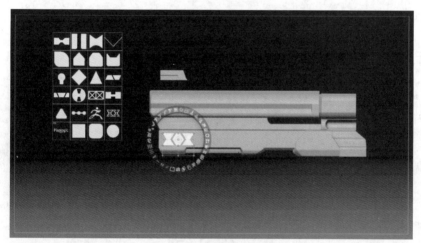

图 4.3.16　生成单个结构

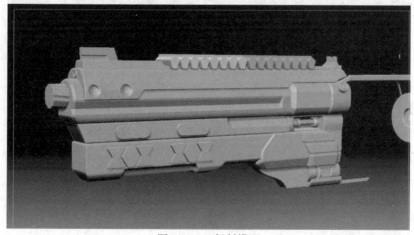

图 4.3.17　复制模型

第三步，开启布尔预览，在文件夹内生成模型，如图 4.3.18 所示。

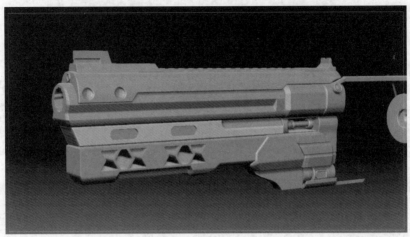

图 4.3.18　挖空结构

第四步，使用 Dynamesh 和抛光命令自动平滑模型。

4.4　手枪把手模型的制作

知识点：

- 使用 3ds Max 制作把手模型基础大型
- 使用 ZBrush 调整模型大型
- 使用 3d Max 石墨工具拓扑凹槽结构
- 使用 ZBrush 添加把手模型细节

转轮手枪把手部分的制作，依然使用 3ds Max 制作基础大型，然后导到 ZBrush 添加模型细节。把手模型效果如图 4.4.1 所示。

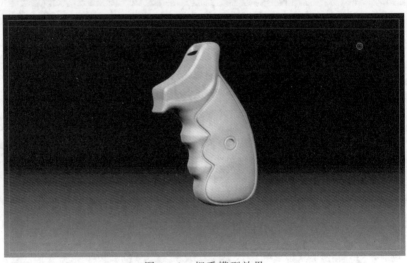

图 4.4.1　把手模型效果

4.4.1　使用 3ds Max 制作把手基础大型

（1）把手部分基础大型制作过程中如下。

第一步，使用二维样条线，绘制出把手结构的轮廓线。

第二步，使用挤出修改器，生成把手立体模型结构。

第三步，转换成可编辑多边形，增加倒角结构。

第四步，使用对称镜像修改器，制作镜像模型。

第五步，运用自动拓扑插件，生成四边形模型布线，如图 4.4.2 所示。

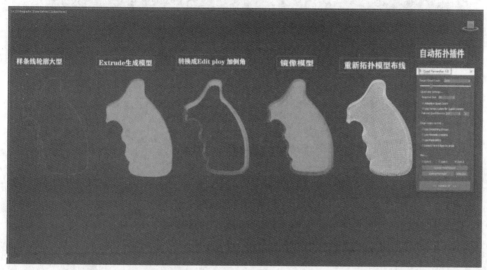

图 4.4.2　把手大型制作过程

（2）把手部分基础大型制作的修改器列表，如图 4.4.3 所示。

（3）把手部分基础大型制作完成，模型效果如图 4.4.4 所示。将模型导出为.OBJ 格式。

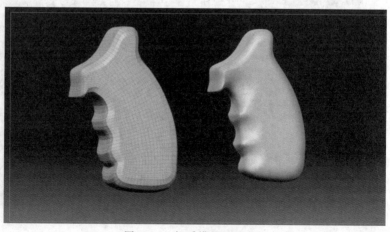

图 4.4.3　修改器列表　　　　　图 4.4.4　把手模型基础大型

4.2.2 导入 ZBrush 调整大型

将枪把手模型导入 ZBrush 里绘制大型。

在右侧工具栏将把手模型增加 2 级细分,使用平滑笔刷和移动笔刷调整大型;因为使用了四边形布线修改器,所以模型布线都是比较均匀的四边面,调整大型很方便,效果也很好,如图 4.4.5 所示。

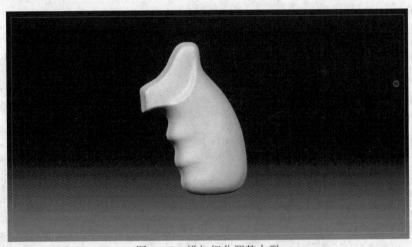

图 4.4.5 增加细分调整大型

4.4.3 返回 3ds Max 制作凹槽结构

第一步,ZBrush 调整完把手大型后,返回到 3ds Max,运用石墨工具拓扑制作凹槽结构,如图 4.4.6 所示。

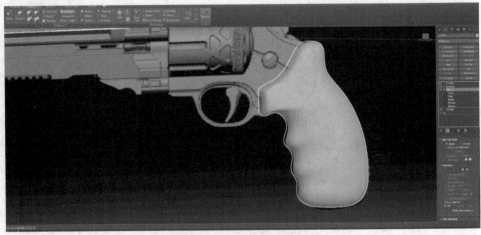

图 4.4.6 返回 3ds Max

第二步,找到石墨工具\Freeform\Setp Build\Strips,如图 4.4.7 所示。

第三步,运用石墨工具栏中的 Strips 命令,拓扑制作出凹槽大体形状模型。这个模型后期主要用于布尔运算,生成模型细节,如图 4.4.8 所示。

图 4.4.7　石墨工具面板

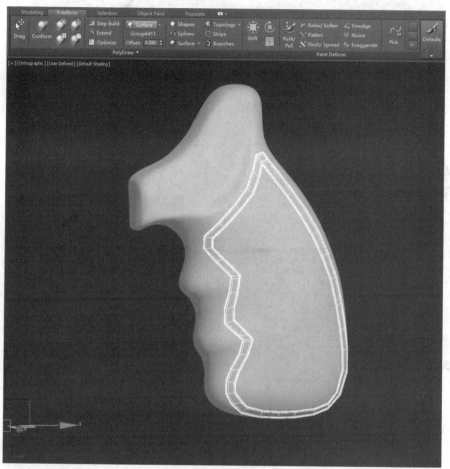

图 4.4.8　拓扑凹槽大型

第四步，先为凹槽模型卡线，然后使用 Shell(壳)添加厚度，增加加一级平滑，如图 4.4.9 所示。

4.4.4　导入 ZBrush 添加细节

将模型导入 ZBrush，存放在一个文件夹内。虽然来回导入比较麻烦，但操作都比较简单；如果设置了 GoZ 到 ZBrush，会更加方便一些，如图 4.4.10 所示。

第一步，布尔运算前，需要对凹槽模型进行镜像复制。

在 Z 插件菜单中选择"子工具大师"→"镜像"→"选择同一图层"，如图 4.4.11 所示。参数设置如图 4.4.12 所示。

第二步，在子工具下，进行布尔差集模式运算，预览效果，若满意，则生成模型。

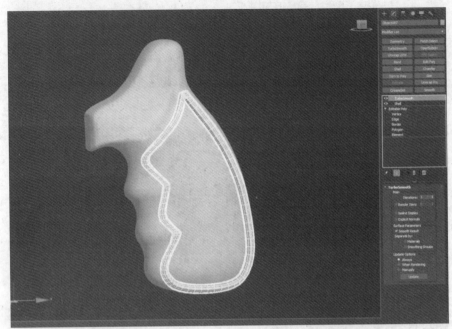

图 4.4.9　卡线并平滑

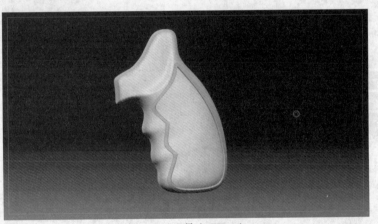

图 4.4.10　导入 ZBrush

第三步，完成布尔运算后，模型会自动分组，将 Dynamesh 分辨率调高一点，数值可设为 256～512。如图 4.4.13 所示。

第四步，自动抛光。选择按特性遮罩，再扩展一次遮罩（如果希望模型边缘软一点，则可以模糊一次遮罩），反转遮罩，进行抛光模型，如图 4.4.14 所示。

第五步，笔刷选择。使用默认笔刷和机械笔刷为手枪把手添加其他细节。机械笔刷如图 4.4.15 所示。

第六步，添加细节。使用机械笔刷为手枪把手添加其他细节，按住 Alt 键可以反向绘制，细节可根据个人喜好进行添加。手枪把手模型完成效果如图 4.4.16 所示。

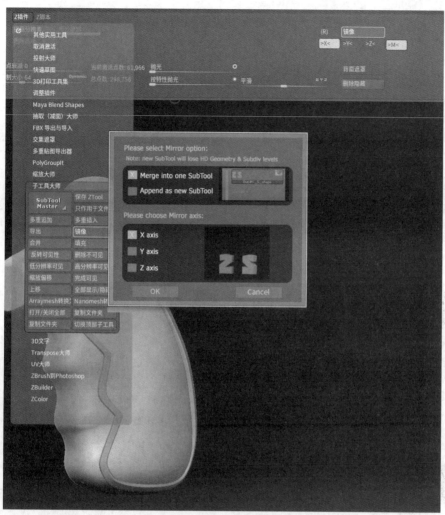

图 4.4.11　镜像命令

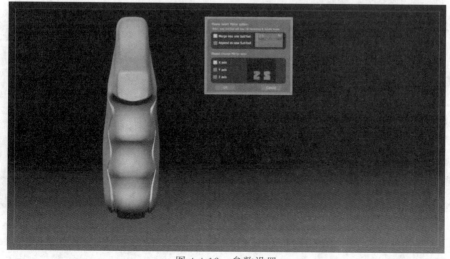

图 4.4.12　参数设置

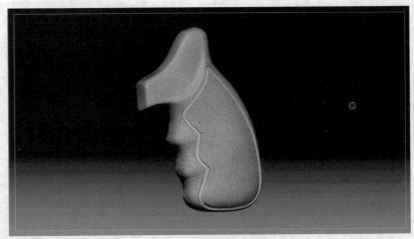

图 4.4.13　布尔完成

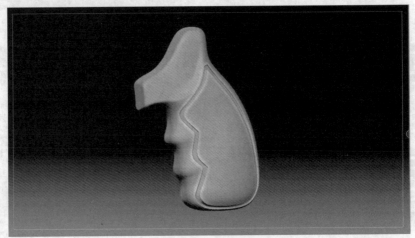

图 4.4.14　自动抛光

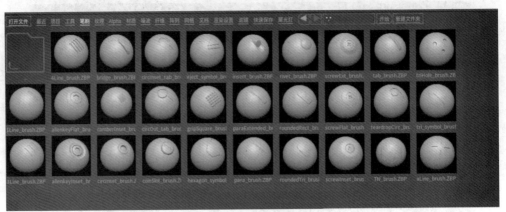

图 4.4.15　机械笔刷

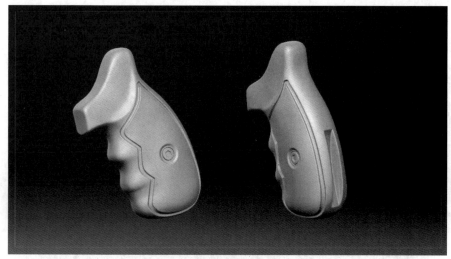

图 4.4.16　手枪把手模型完成效果

4.5　M500 转轮手枪模型渲染输出

知识点：

- ZBrush 合并模型组
- ZBrush 分配材质 ID
- KeyShot 9 渲染设置
- 转轮手枪渲染实践
- Photoshop 效果图后期处理

KeyShot 9 是一款主打三维渲染功能的软件。它不需要掌握太多关于三维软件的知识，只懂得如何导入模型，调整摄像机角度，添加材质，就可快速高效地制作出效果很棒的图。KeyShot 9 可以为您带来无限的创造力，可帮您更快地实现想法。KeyShot 作为满足您所有可视化需求的枢纽而构建，可提供无与伦比的便捷性、简单性和可访问性，为您提供创作自由和视觉灵活性。

本案例 M500 转轮手枪的效果图，选择使用 KeyShot 9 进行渲染输出。下面学习使用 KeyShot 9 渲染制作精密武器的效果图，如图 4.5.1 所示。

4.5.1　KeyShot 9 新功能介绍

1. 支持 GPU 渲染

KeyShot 9 允许利用完整的 GPU 加速射线追踪能力的 NVIDIA RTX 与 OptiX。KeyShot 的 GPU 模式可用于实时渲染和本地渲染输出，只需点击一下即可访问 GPU 资源，以充分利用多 GPU 性能扩展和支持 NVIDIA RTX 的 GPU 中的专用光线跟踪加速硬件。如图 4.5.2 所示。

2. 降噪

只需点击一个按钮，即可获得平滑、快速、美观的效果图。去噪可在 CPU 和 GPU 模式

图 4.5.1　手枪模型渲染效果

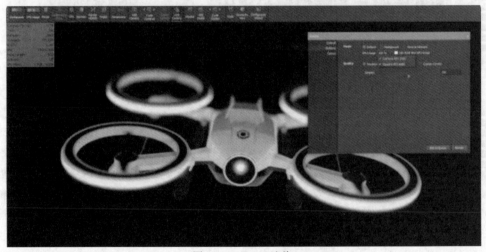

图 4.5.2　GPU 渲染

下工作，以消除实时视图和渲染输出中的噪声。这使时间紧缩变成了节省时间。启用"去噪"功能，并以无限数量的 KeyShot 图像样式使用它，可以将图像渲染速度提高 30 倍，如图 4.5.3 所示。

3. 更真实的布料（RealCloth TM）

RealCloth 是 Luxion 一项正在申请专利的技术，可驱动一种功能强大的新材料类型，从而可以创建和可视化真实的机织材料。材质类型可控制编织图案（Pro），并易于添加亚麻纤维。材质类型可提供对编织图案的复杂控制，并能轻松添加飞散纤维。在最新的专业版中，我们可以在材质库中使用这些材质，如图 4.5.4 所示。

4. 更新的模型库

KeyShot 9 有一个新的模型库，其中包含最高质量的、经过精心策划的 3D 模型，以补充

图 4.5.3　降噪

场景中的产品。所有 3D 模型均具有材质和纹理，并且可以通过 KeyShot Cloud 的简单拖放操作轻松进行搜索、筛选，添加到任何场景中，如图 4.5.5 所示。

图 4.5.4　RealCloth

图 4.5.5　新的模型库

5. Web 配置器

KeyShot 9 引入了生成基于浏览器的交互式产品配置器的功能。使用您选择的模型、材料和工作室提供完全渲染的产品变体，可以配置 Web 配置器以私下共享或在线托管，以提供更具吸引力的产品选择体验。

6. 创作自由

释放您的想象力。凭借新的材料和纹理，KeyShot 9 为您提供了更高的创作自由，可将细节提高到一个新水平，并可以控制您的产品外观。

7. 模糊材料

一种新的材质几何着色器，为您的产品带来全新的现实感。打开 KeyShot 材质图（Pro），在任何材料的表面上添加所需的任意量的细毛即可。控制长度、随机性、密度等，以获得完美的模糊外观，如图 4.5.6 所示。

8. 轮廓纹理

使用轮廓作为纹理，可以在创建自定义材质时获得更多控制和灵活性。可以使用它在诸如金属或塑料之类的真实材料上添加类似插图的效果。

图 4.5.6　模糊材料

9. 动画曲线控制（PRO）

自定义动画的运动或外观或材质的颜色、凹凸、不透明度或其他属性。沿曲线快速添加控件，并实时进行调整，以创建令人难以置信的零件和材质动画。

10. 通用（BRDF）材料

通用材料是一种新材料，它所增加的灵活性通过调整光泽、透明涂层、金属、各向异性等的属性，可提供无限的可能性来创造出令人难以置信的材料外观，如图 4.5.7 所示。

图 4.5.7　通用（BRDF）材料

4.5.2　ZBrush 整合模型

1. 合并子工具

在手枪模型渲染前，需要对高模进行合并整理。

在 ZBrush 里导入做好的所有的手枪部件模型，在子工具里对模型进行合并处理，如

图 4.5.8 所示。

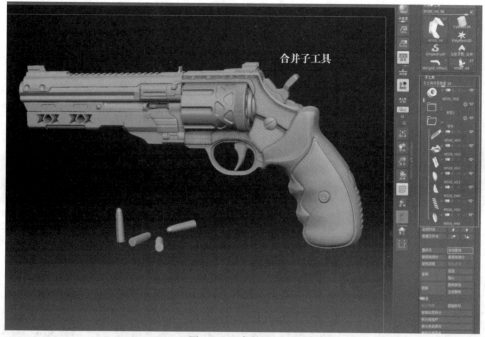

图 4.5.8　合并子工具

第一步,在"Z 插件"菜单下选择"子工具大师"→"合并"→"Merge and delete extra SubTools",合并并删除其他子工具层如图 4.5.9 所示。

图 4.5.9　通过"Z 插件"菜单合并并删除

第二步,合并模型。分配材质 ID 前需要把子工具里零散的部件模型合并起来,以方便之后的模型选择操作。

模型合并后会保留原有的分组,这个组很重要,可方便之后的模型选择,单独分配材质,如图 4.5.10 所示。

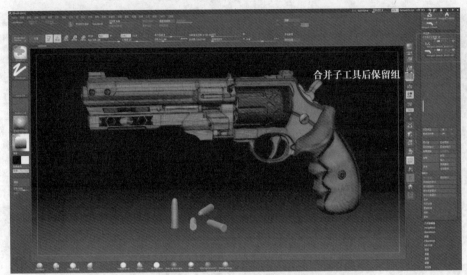

图 4.5.10 合并子工具后保留组

2. 添加渲染环境

添加布料和子弹模型，调整模型位置及角度，并调整模型的材质与颜色，如图 4.5.11 所示。

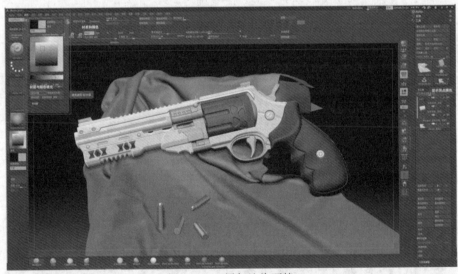

图 4.5.11 添加渲染环境

3. 设置模型材质

在 ZBrush 顶部工具栏，关闭模型编辑模式（Zadd），只选择材质和颜色绘制模式（Mrgb）；在子工具下的图层里点开显示顶点颜色，选择"颜色"菜单下方的填充对象，分配材质；同时按 Ctrl＋Shift＋鼠标左键，可以按组选择部分模型，再给选择的模型分配相应的材质属性，如图 4.5.12 所示。

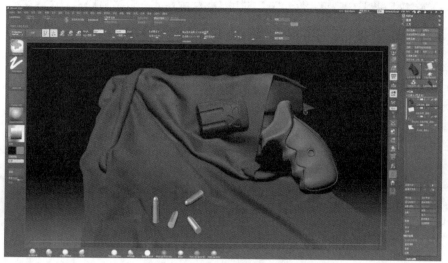

图 4.5.12　为模型指定材质

4. 渲染传递

渲染\外部渲染器\KeyShot\按材质分组：点击 BPR 渲染传递 KeyShot，如图 4.5.13 所示。

图 4.5.13　渲染传递

4.5.3　KeyShot 9 渲染实践

1. HDR 环境及灯光设置

渲染传递到 KeyShot，会自动打开该软件，导入模型，如图 4.5.14 所示。

第一步，HDR 环境设置。本案例打算模拟的环境是白天阳光从窗口照进室内的环境，所以先选择一个类似效果的 HDR 环境，如图 4.5.15 所示。

第二步，灯光设置。在 HDR 环境图点击即可添加灯管，添加两盏细节灯光，这里可以

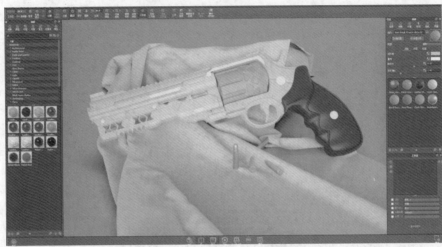

图 4.5.14　KeyShot 9 渲染器

调节灯光的亮度和方向，如图 4.5.16 所示。

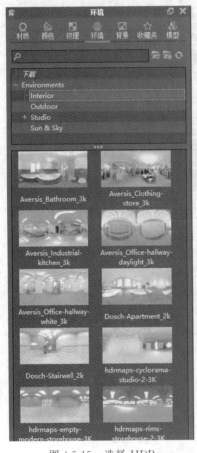

图 4.5.15　选择 HDR

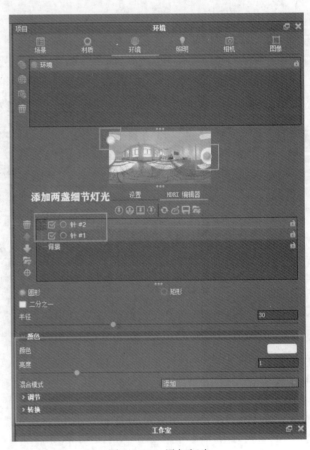

图 4.5.16　添加灯光

2. 材质属性设置

第一步，材质及属性设置。打开 KeyShot 材质球面板，如图 4.5.17 所示。

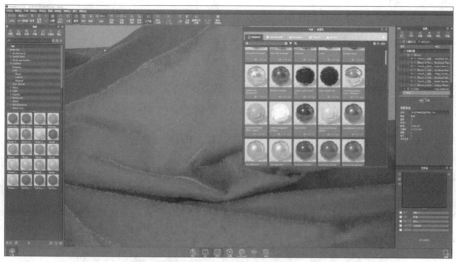

图 4.5.17　KeyShot 材质球

第二步，打开 KeyShot 材质属性面板，调节材质库和材质属性，如图 4.5.18 所示。

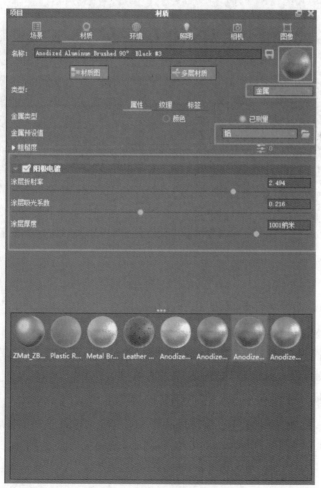

图 4.5.18　材质属性设置

材质属性参数如下。

金属材质：Anodized Aluminum Brushed 90°Black。

子弹材质：Anodized Titanium Brushed 90°Champagne。

握把材质：Leather Black Perforated。

布料材质：Lawn Grass Patchy Fuzz。

3. 灯管照明设置

灯管照明自定义设置：开启地面间接照明、细化阴影、全局照明、产品模式，如图 4.5.19 所示。

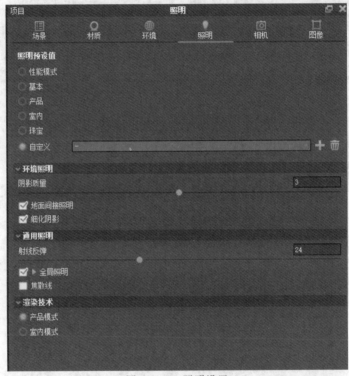

图 4.5.19　照明设置

4. 相机设置

相机设置：根据需要调整相机角度，保存相机设置，开启景深效果，如图 4.5.20 所示。

5. 图像后期设置

图像后期设置：在图像后期添加摄影、曲线、颜色、去噪、Bloom（光晕）和暗角等效果，读者可以根据个人喜好进行调整，如图 4.5.21 所示。

6. 渲染输出设置

渲染输出设置：选择存储路径、输出格式 PNG、包含 alpha 通道，本案例采样值设置为 32（注意：采样值越大，图片越细腻，渲染时间越长），如图 4.5.22 和图 4.5.23 所示。

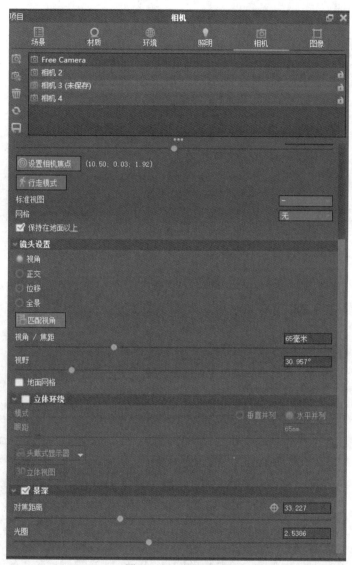

图 4.5.20 相机设置

4.5.4 Photoshop 后期处理

1. Photoshop 后期流程图

武器和布料最好单独渲染出图,方便后期进行图层调整。可以同时多渲染几张不同灯光和布料质感的效果图,然后把分层渲染好的图进行合成,最后添加环境背景调节光线得到最终的效果图,如图 4.5.24 所示。

2. 添加背景图

搜集一张百度图片或者自己用手机拍一张室内带窗户的背景图,图片不必很大,因为最终会进行模糊处理,只留下窗户的位置,如图 4.5.25 所示。

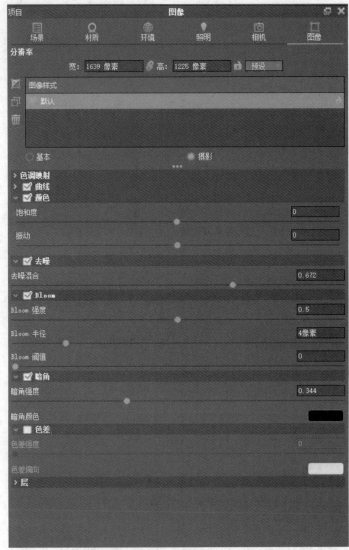

图 4.5.21　图像设置

3. 合并背景图

根据效果图设计需要放大或缩小背景图，并进行一定的背景模糊处理，模拟景深的效果，如图 4.5.26 和图 4.5.27 所示。

4. 添加细节

第一步，为了让图片效果更加逼真，需要给布料设置一定的图层混合模式，让布料看起来更软一些。

第二步，添加枪和子弹的阴影细节。

第三步，还可以添加体积光线和自己的 Logo。

第四步，整合完成 M500 转轮手枪，最终效果如图 4.5.28 和图 4.5.29 所示。

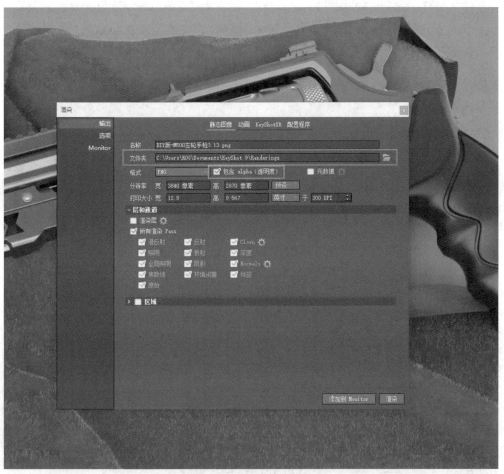

图 4.5.22　渲染输出设置

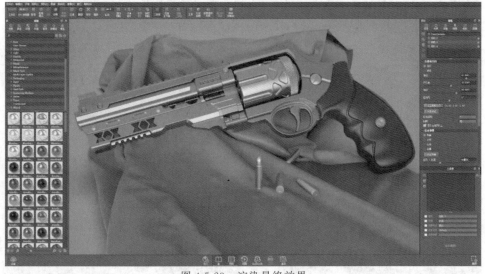

图 4.5.23　渲染最终效果

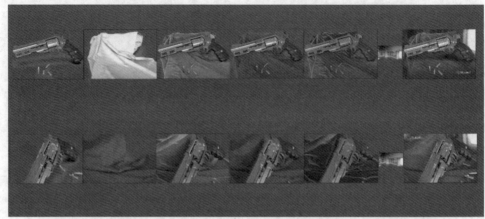

图 4.5.24　Photoshop 后期合成流程图

图 4.5.25　添加背景图

图 4.5.26　未添加背景

图 4.5.27　添加背景

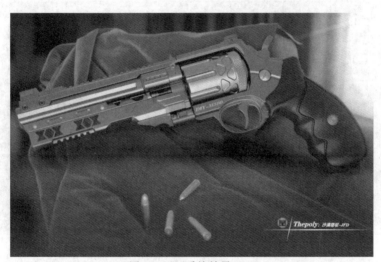

图 4.5.28　手枪效果(一)

图 4.5.29　手枪效果(二)

本章小结

　　本章主要讲解了硬表面手枪高模的完整工作流程及项目制作实践，主要有高模的常用技巧、相关主题素材的收集、硬表面手枪高模的制作方法与流程、模型细节的雕刻技巧、KeyShot 9 的使用方法、手枪高模的渲染、后期效果图处理的全流程及，以相关技术的基础知识讲解。

课后习题

　　请参照图 4.5.30～图 4.5.32，完成硬表面武器的高模建模、效果图渲染及后期效果制作。

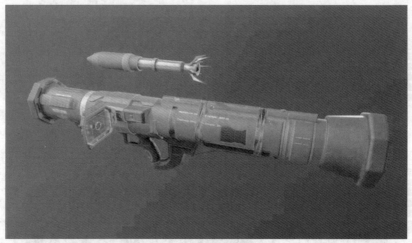

图 4.5.30　武器效果

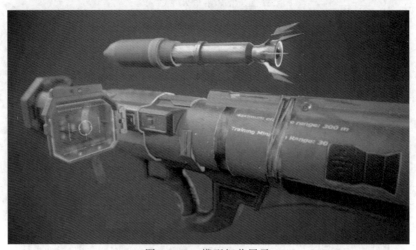

图 4.5.31　模型细节展示

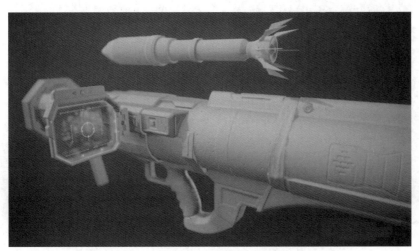

图 4.5.32　白模展示

用户可根据个人喜好适当丰富模型细节、配色及质感处理。